四季の 星座図鑑

めぐる季節の星座を探しに出かけよう！

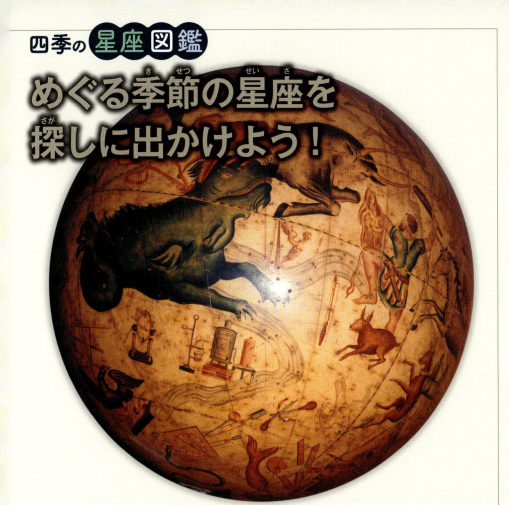

▲天球儀　表面に描かれている星座絵は、すべて裏返しの姿となっている点が、地球儀とは大きくちがっています。この天球面では、くじら座やエリダヌス座など古来の星座のあいだに、南天や現在は使われていない星座などの姿が見えているのがわかります。

天球儀

天球儀は、地球の表面のようすを再現した地球儀とはちがい、観測者は球の中にいて星空を見あげていることになります。つまり、天球儀を外側から眺めている者にとっては、"神の視点"から星空を見ていることになるわけです。

▲壁面四分儀座 りゅう座とうしかい座のあいだにフランスの天文学者でパリ天文台長だったラランドが、甥のフランセとともに壁面四分儀で星の観測をおこなったのを記念して設定したものです。しかし、今は「しぶんぎ座流星群」の名でのみ残された存在しない星座となっています。

北天の星座

2ページから7ページに掲げてある美しい全天の星座絵は、アメリカのイライジャ・バリット（1794〜1838年）が描いたものです。彼は独学で物理学と天文学を学び、独力でこの星座絵図を完成させ、ニューヨークで出版しましたが、くわしい経歴はわかっていません。

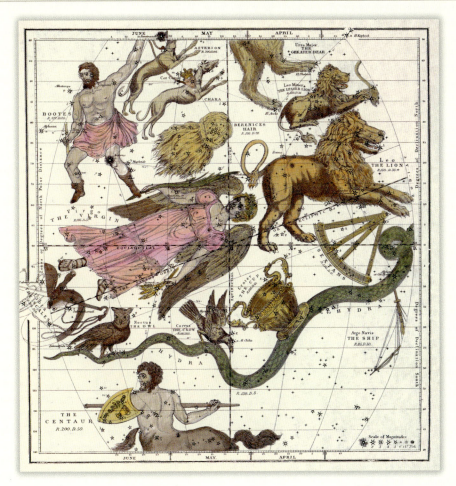

▲**ふくろう座** 長大なうみへび座の尾にのる梟の星座ですが、作者がだれなのかはわかっていません。このバリットの星座図に登場するところから、そのころに設定されたのではないかと考えられています。同じ場所に「つぐみ座」という星座が1776年に新設されてもいました。

春の星座

北の空高く昇った北斗七星の柄の弓なりに反りかえったカーブを延長して、うしかい座のオレンジ色の1等星アルクトゥルスからおとめ座の白色の1等星スピカへとたどるスケールの大きな「春の大曲線」がいちばんの見ものです。

▲**七夕伝説と夏の大三角** 七夕祭でおなじみのこと座の織女星ベガ(織り姫)とわし座の牽牛星アルタイル(彦星)、それにはくちょう座のデネブの3個の明るい1等星を結んでできる大きな三角形が、夏の星座さがしのよい目じるしになってくれる「夏の大三角」です。

夏の星座

夏の夜空のいちばんの見ものは、なんといっても、いて座とさそり座のあたりから頭上の夏の大三角にかけ、光の帯のようにほのぼのと立ち昇る天の川の光芒で、夜空の暗くすんだ高原などで目にしたい見ものです。

▲**失われてしまった星座たち** アンドロメダ座の足下にある「小三角座」と「北ばえ座」、手の先にある「王笏座」などは、16世紀から19世紀にかけ、天文学者たちのあいだで新星座づくりが大流行したなごりのもので、その多くは淘汰され現存しないものです。

秋の星座

明るい星のない秋の夜空は、地上の景色に似てさみし気な印象を受けますが、古代エチオピア王家にまつわる星座神話の登場人物や動物たちが大活躍する絵巻物を見るようなドラマチックな星空として楽しめます。

▲冬の天の川　冬の星空が、ほかの季節とくらべ都会でさえ、ひときわあざやかにくっきり見えるのは、空気が冷え冷えとすんでいることに加え、明るい星々がたくさん輝いていることによるものです。夜空の暗い場所でなら、淡い冬の天の川さえ、みとめることができるほどです。

冬の星座

冬の星座は、明るい星々で形づくられたものが多く、どれも姿形のつかみやすいのが特徴といえます。その星座さがしのいちばんの目じるしは、ベテルギウスとシリウス、プロキオンの3個の1等星を結んでできる逆正三角形の「冬の大三角」です。

▲みなみじゅうじ座 「南十字星」のよび名でおなじみの星座ですが、たったひとつの星ではなく、4個の明るい星が十字の形にならぶ姿が明るい南半球の天の川の中でもくっきり見え、全天一の小星座ながら人気の高いものです。沖縄付近の水平線上でも見ることができます。

南天の星座

日本から見られない天の南極付近にも北天とおなじようにたくさんの星座があり、オーストラリアやニュージーランドなど、南半球の国々へ出かければ、南の空高くかかる姿を楽しむことができます。

新星座絵図

星空の地図ともいえる「星図」には、かつて美しい星座絵が重ねて描かれるのがふつうでした。しかし、現在では星の位置を示すだけのものとなり、星座絵が描かれることはありません。そこで、ここではコミック風に著者が描いた星座絵のいくつかを紹介しておきましょう。

春の北斗七星 　　　　　　夏の天の川

✲ 新装版 ✲
四季の 星座図鑑

南十字星と南天の天の川

藤井 旭

ポプラ社

秋のカシオペヤ座　　　　冬の大三角と木星

オリオン座の星ぼしの動き

はじめに

日が暮れかかるころ、まだ夕焼けの残る西空に、
細い月や宵の明星、一番星たちがつぎつぎに姿をあらわしてきます。
今宵の星空舞台を彩るスターたちの登場です。
同じ輝きのように見えても、ひとつひとつの星には、
語りつくせぬ星物語が秘められ、
それこそ星の数ほどの星空ドラマのストーリーが用意されています。
めざす星座や星がひとつでも見つけだせれば、
夜空はたちまち楽しい星空舞台へと変身して、
宇宙のすばらしいドラマについて、語り聞かせてもらえることになります。
思いのほかにぎやかでおしゃべり好きな星空は、
星座物語から宇宙の神秘まで、語りつくしてあきることがありません。
さあ、今夜もまた、頭上の宇宙劇場でくりひろげられる、
星座や星ぼしたちの壮大なドラマを、
心ゆくまで楽しませてもらうことにしましょう。

14 星座の見つけ方
- 15 星座の結び方
- 16 全天に88星座
- 18 全天星図
- 20 星空の丸天井"天球"
- 22 方角をたしかめよう
- 24 星座早見の使い方
- 26 星空のものさし
- 28 星の明るさくらべ
- 30 一晩の星空の動き
- 32 季節で移り変わる星空
- 34 誕生星座を見つけよう
- 36 動いていく惑星たち
- 37 星雲、星団を見よう
- 38 プラネタリウムへ出かけよう
- 39 公開天文台で見よう

40 冬の星座を見つけよう
- 48 オリオン座
- 56 おうし座
- 62 ぎょしゃ座
- 66 きりん座
- 68 ふたご座
- 72 おおいぬ座
- 76 こいぬ座
- 78 いっかくじゅう座
- 80 エリダヌス座
- 82 ろ座
- 84 うさぎ座
- 86 はと座
- 88 とも座
- 90 りゅうこつ座
- 92 ほ座
- 93 らしんばん座

94 春の星座を見つけよう
- 102 おおぐま座
- 108 こぐま座
- 112 やまねこ座
- 114 かに座
- 116 しし座
- 120 こじし座
- 121 ポンプ座
- 122 うみへび座
- 126 ろくぶんぎ座
- 128 コップ座
- 130 からす座
- 132 うしかい座
- 136 りょうけん座
- 138 かみのけ座
- 140 おとめ座
- 144 かんむり座
- 146 ケンタウルス座
- 148 おおかみ座

うお座

おおぐま座

ふたご座

ペガスス座

へびつかい座

みずがめ座

150 夏の星座を見つけよう	200 秋の星座を見つけよう	259 みずへび座

- 158 さそり座
- 164 いて座
- 170 みなみのかんむり座
- 172 てんびん座
- 174 りゅう座
- 176 ヘルクレス座
- 178 へびつかい座
- 180 へび座
- 182 たて座
- 184 こと座
- 188 わし座
- 190 はくちょう座
- 194 とかげ座
- 196 や座
- 197 こぎつね座
- 198 いるか座
- 199 こうま座

- 208 カシオペヤ座
- 212 ケフェウス座
- 214 アンドロメダ座
- 218 さんかく座
- 220 ペルセウス座
- 224 ペガスス座
- 228 くじら座
- 230 やぎ座
- 232 みずがめ座
- 234 うお座
- 236 おひつじ座
- 238 みなみのうお座
- 239 つる座
- 240 ちょうこくしつ座
- 241 ほうおう座

242 南半球で見える星座たち

- 244 南半球の星空
- 248 みなみじゅうじ座
- 252 みなみのさんかく座
- 253 ぼうえんきょう座
- 254 コンパス座
- 255 じょうぎ座
- 256 さいだん座
- 257 インディアン座
- 258 くじゃく座

- 260 けんびきょう座
- 261 はちぶんぎ座
- 262 きょしちょう座
- 264 とけい座
- 265 レチクル座
- 266 がか座
- 267 ちょうこくぐ座
- 268 とびうお座
- 269 ふうちょう座
- 270 かじき座
- 272 はえ座
- 273 カメレオン座
- 274 テーブルさん座

275 星座データ

- 276 星座の歴史
- 280 星座一覧表
- 282 天文用語
- 283 明るい星のデータ
- 284 星の大きさくらべ
- 290 星空の移り変わり
- 304 全天星図
- 305 冬
- 306 秋
- 307 夏
- 308 春
- 309 南天
- 310 星座早見

星座の見つけ方

想像をはたらかせて

夜空を見あげたからといって、星座の絵姿が浮かびあがって見えてくるというわけではありません。夜空に輝く大小さまざまの星たちを次々に結びつけ、星座神話の中で活躍する人物や動物たちの姿を、思いっきり想像をたくましくはたらかせ思い浮かべるようにすれば、イメージした星座の姿が、ふと星空に見えてくるというものなのです。それは、たくさんの点が打ってあって、番号順に線で結んでいくと、やがて、人間や動物などの姿が見えてくる、あの点パズルの"かくし絵遊び"そっくりといえるものです。

▲西へしずむオリオン座　星座は見える方向によって、さまざまに傾きが変わります。星座の姿を見つけるときはその点も注意して見あげ、見つけだすようにしましょう。

▲星座の姿の見たて方　まず、明るい星を手がかりにして位置の見当をつけ、特徴のある星のならびなどからおよそひろがりをつかむようにします。そして、星座の骨格を星ぼしを結びつけて描きだしたら、その骨組みに星座の絵姿をふっくら肉づけして重ね合わせ、思い浮かべるようにします。夜空の明るい町の中では、淡い星が見えにくいので、星座の骨格がつかみにくいことがありますが、その場合は、見える明るい星だけで星座の姿をイメージすることになります。

星座の結び方

いろいろな結びつけ方

星座は、もともと星ぼしのならびをばくぜんとひろい集めて、夜空に描きだされたものです。ですからその星の結び方に、きまったやり方というものがあるわけではありません。

この本では、できるだけ星座の名前どおりのイメージが、思い浮かべやすいような結び方にして示してあります。しかも、夜空がじゅうぶんに暗く澄んだ高原のような星の美しく見える環境でながめた場合の例で、暗く淡い星まで結びつけて示してあります。ですから、町の中ではこの通りに見えないこともあります。

▲町の中での星空　見えるのは1等星とか2等星の明るめの星ばかりですから、星座の名前どおりの姿を星のならびからイメージするのはむずかしいことが多いといえます。

▲いろいろな星座の結びつけ方　冬の夜空の明るく形のととのったオリオン座の例で示してあります。形のわかりやすいものでさえ、こんなにさまざまな結びつけ方があるのですから、星が淡い形のあやふやな星座の結びつけ方に、星座の紹介者それぞれによって、大きなちがいがあるのはしかたないといえます。自分がイメージしやすい気に入った結びつけ方で、星座の姿を思い浮かべるようにすればよいわけで、きまった結びつけ方にこだわることはありません。

全天に88星座

美しい星座の絵姿

全天に現在88の星座が決められていますが、昔は、もっとたくさんの星座があった時代もありました。そして、昔の星図には、それらの星座の絵姿が見事に描かれるのがふつうでした。地上から見たように描かれたものもあれば、神の視点で天球の外側から見たように、裏返しの姿に描きだされたものもあって、その絵姿の表現はさまざまでした。この本では、それらの美しい星図も紹介してあります。

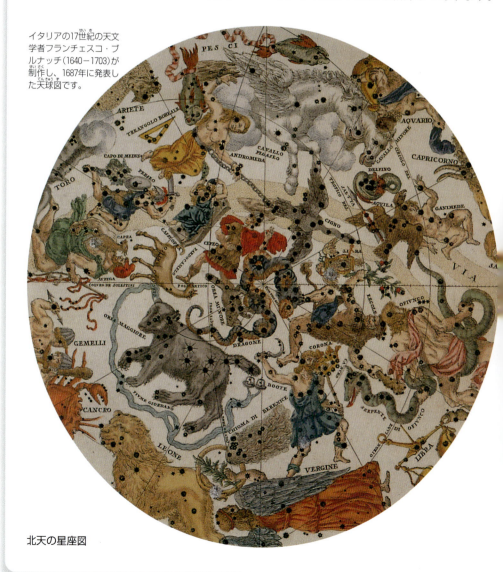

イタリアの17世紀の天文学者フランチェスコ・ブルナッチ(1640-1703)が制作し、1687年に発表した天球図です。

北天の星座図

●**星座のデータ** 各星座の項目ごとに星座に関する基本的なデータが掲げてありますが、その意味は次のようになります。

★**中央位置**：その星座の天球上での中央のおよその位置が、赤経と赤緯の値で示してあります。
★**20時南中**：星座の中心が、午後8時ごろ真南に高く昇って見やすくなるおよその月日を示しています。また、そのときの見える高度が（　）内に示してあります。正中ともいいます。
★**面積**：その星座が星空で占める面積を角度の平方度で示してあります。（　）内の順位は、その星座が88星座の中で、何番目の広さになるかを示したものです。
★**肉眼星数**：夜空の暗く澄んだ場所で見あげたときに肉眼で確実に認められる5.5等星までの星の数です。夜空の明るい町の中で、数個の星が見えれば、上々といったところでは、星座のイメージがつかみにくいかもしれません。
★**設定者**：276ページの星座の歴史で紹介したような人たちによって設定されました。

星座の見つけ方

南天の星座図

全天星図

地球上の位置は経度と緯度で示しますが、同じように星の位置も天球上の目盛りの"赤経"と"赤緯"でいいあらわします。これは地球上の経度と緯度をそっくりそのまま天球上に投影したもので、北極は"天の北極"、赤道は"天の赤道"などといいあらわします。ただ、赤経は東経や西経でなく、うお座の春分点から東まわりに360度はかり、15度を1時間として24時間にわけ、赤経12時35分（12h 35m）などといいあらわします。

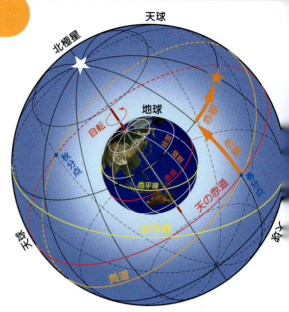

▲天球上の星の位置のあらわし方

▼赤数字は掲載ページです。

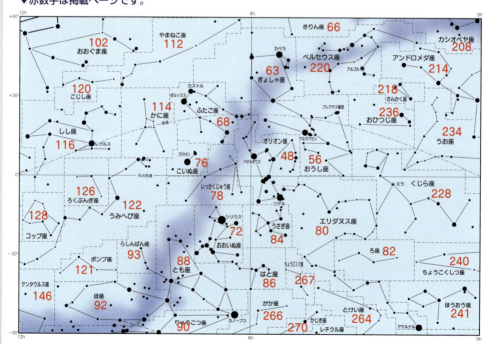

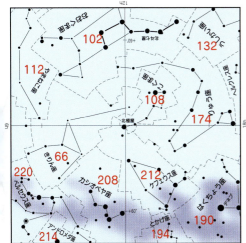

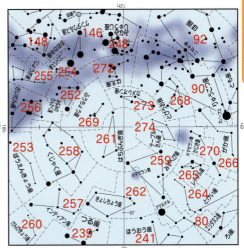

▲**天の北極付近** 1度弱のところに2等星の北極星が輝いていますので、天の北極の位置はとてもわかりやすく、真北の方向を知りたいときには、北極星を見つけるのがよいといえます。明るい星なので町の中でも見つけられます。

▲**天の南極付近** 日本からは見ることのできない南天の部分で、天の南極には、北の空の北極星のような目じるしになる明るい星がありません。天の南極の近くには、大小マゼラン雲の二つがあって肉眼で見ることができます。

▼赤数字は掲載ページです。

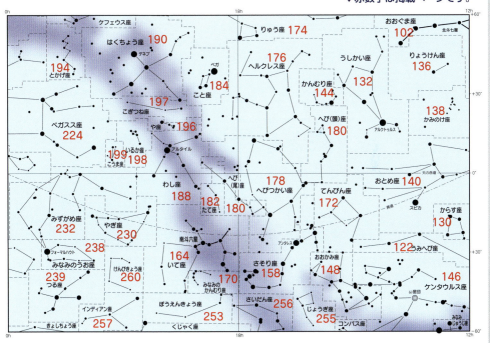

星空の丸天井"天球"

緯度別の見え方のちがい

星座を形づくっている星ぼし"恒星"までの距離は、もちろんそれぞれにちがうものですが、私たちには星の遠近感などまったくわからず、どの星もただ頭上におおいかぶさる、架空の丸天井"天球"にはりついて輝いているようにしか見えません。そして、この天球は、地球が西から東へ自転するにつれ、見かけ上東から西へ回転していくように見えます。また、地平線によって、それより上側の星空は見られますが、地平線より下は見えないというふうに二分されてもいます。

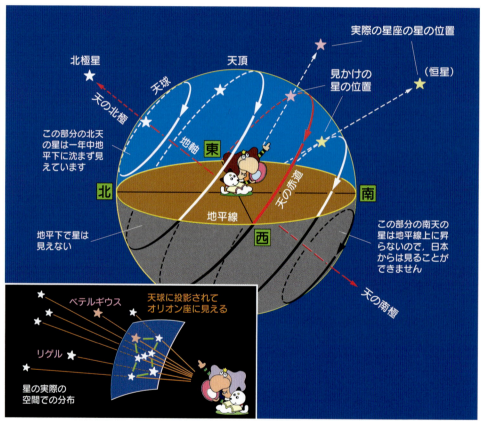

▲**天球の考え方と見え方** 夜空を見あげると、無限の大きい架空の丸天井が頭上におおいかぶさり、星座の星ぼしはみんな"天球"にはりついて輝いているように見えます。上の図は北緯35度付近に位置する日本で見あげた場合の天球の見え方や、星の動きのようすが示してありますが、242ページの解説のように、この見え方は地球上での見あげる場所、たとえば、赤道上とか南半球のオーストラリアなどというふうに緯度によってかわってきます。

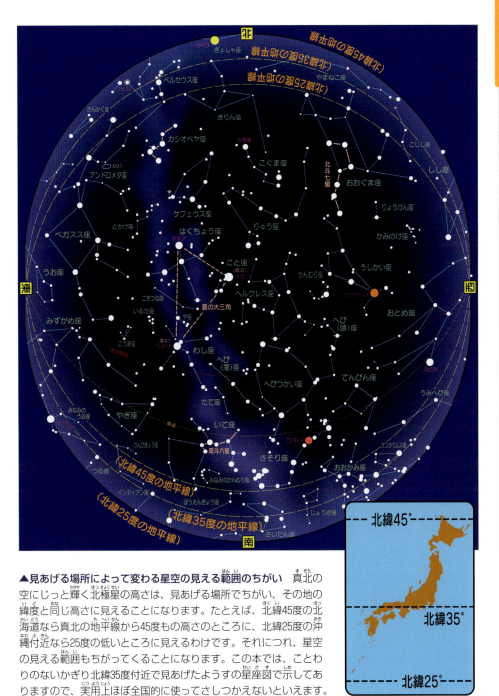

▲**見あげる場所によって変わる星空の見える範囲のちがい** 真北の空にじっと輝く北極星の高さは、見あげる場所でちがい、その地の緯度と同じ高さに見えることになります。たとえば、北緯45度の北海道なら真北の地平線から45度もの高さのところに、北緯25度の沖縄付近なら25度の低いところに見えるわけです。それにつれ、星空の見える範囲もちがってくることになります。この本では、ことわりのないかぎり北緯35度付近で見あげたようすの星座図で示してありますので、実用上ほぼ全国的に使ってさしつかえないといえます。

方角をたしかめよう

北極星の見つけ方

星座早見やこの本の星座図を使って星座の姿を見つけるとき、いちばんのポイントは、星座早見や星座図に示してある東西南北の方位と自分の立っている場所での東西南北の方位を一致させて、星座を見あげるということです。そうしないと図と実際の星空のようすが一致せず、星座を見つけるのがむずかしくなります。

▼方位角は北を0°として東まわりに360°とする場合と、南を0°として西まわりに360°とする場合があります。

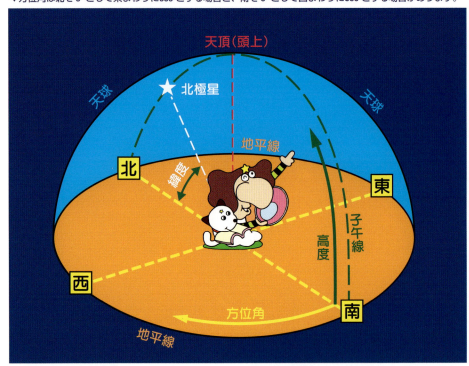

▲方角の見つけ方　自分の住んでいる場所での東西南北の方位を正しく示すのは、あんがいやさしそうでそうでないことが多いものです。まして、初めての場所ではなおさらといえます。そんなとき正しい方位を知るには、真北の空にじっと輝いている北極星を見つけるのがいちばんといえます。北極星さえ見つけられれば、その真反対側が南、北極星に向かって立ったとき右手側が東、左手側が西とたちまち正確な方角を知ることができるからです。その北極星は真北の空で2等星の明るさで輝いていますので、町の中でさえ見つけられますし、北の空には北極星のほかに明るい星もないので、北の空を見あげさえすれば、すぐにそれとわかります。しかし、なお確認のためと北極星を見つけだすために、北斗七星とカシオペヤ座のW字形を使うのがおすすめなので、次ページにそのやり方を紹介しておきましょう。星座ウォッチングでは、まずはじめに北極星を見つけだして、東西南北の方角をしっかり確かめるようにしてください。

◀春の宵のころ 北の空高く昇った北斗七星から見つけるのがよく、北斗七星のアルファ星とベータ星を結んで、その間隔を図のように5倍延長すると北極星にとどきます。

▶秋の宵のころ 北斗七星は見えませんので、カシオペヤ座のW字形から見つけます。まずW字のベータ星とアルファ星を結んだ線の延長と、エプシロン星とデルタ星を結んだ線を延長した交点Aを見当づけます。そのA点とW字の中央のガンマ星を結び、その間隔を5倍延長していくと、北極星にいきあたります。

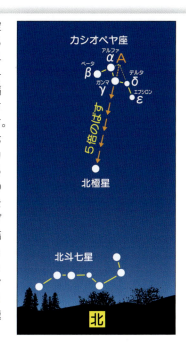

◀冬の宵のころ 北極星をはさんで右手側に北斗七星、左手側にカシオペヤ座のW字形が見えています。北の空の星ぼしは、北極星を中心に時計の針とは逆まわりに、日周運動で動いていきますので、時間とともに北斗七星は高く昇り、W字形は低く下がっていきます。

▶夏の宵のころ 北極星をはさんで左手よりの北西の空で北斗七星がひっくりかえり、カシオペヤ座のW字形はしだいに高く昇っていきます。真北の北極星の見えている高さと方角は一晩中、一年中いつでも同じです。

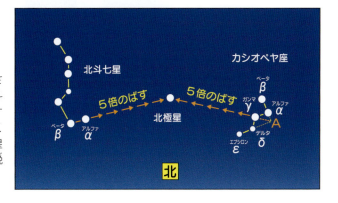

星座早見の使い方

星座ウォッチングの必需品

パソコンの星座ソフトを使えば、見たい星座をシミュレーションですぐ知ることができますが、暗い戸外の星座ウォッチングで手軽に使えるという点では、「星座早見」はぜひ用意しておきたいもののひとつといえます。

▶**いろいろな星座早見** 書店や科学館、プラネタリウムなどで、星座早見を手に入れることができます。日本の国内用ばかりでなく、オーストラリアなどで使う南天用の星座早見というのもあります。

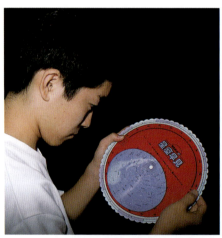

▲**見たいときの月日と時刻の目盛りを一致させる** 星座早見の星座盤とカバーを回転させながら、月日と時刻の目盛りを一致させます。すると星空の窓に、そのときの星空のようすがあらわれてきます。同じようにして知りたいときの星空のようすもわかりますので、「今夜の午後10時ごろにはどんな星座が見えているのか」などといったことを、事前にたしかめておくことにもなります。

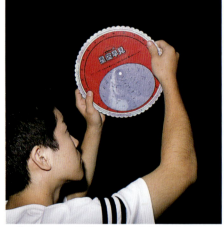

▲**方位を正しく一致させる** 自分の立っている場所での東西南北の方位と、星座早見に示されている東西南北を正しく一致させて、星空と見くらべるようにするのがいちばんのポイントです。これが一致していないと、実際の星空に見えている星空の星ぼしと、星座早見の星の配列が一致せず星座は見つけられないことになってしまいます。方位の見つけ方は、22ページに解説があります。

▲**星座の傾きにも注意** 星座は昇るときやしずむときで、その傾きが変わって見えます。そのようすは、星座の見えている方向でかわりますので、星座ウォッチングのとき、頭に入れておいてください。上の写真のうち左は東から昇るオリオン座で、右は西へしずむオリオン座の10分間の動きです。

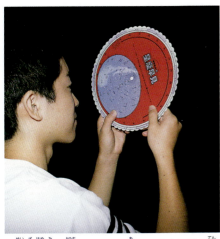

▲**星座早見の傾きをかえて持つ** 星座早見の天球の見え方は、実際の星空の見え方と少しちがいがあります。頭の真上の天頂はやや北よりになるのがふつうで、南の地平線に低い星座は、大きめにややゆがんで描かれています。見くらべるときにはこの点にも注意し、見る方向によっては、地平線が下にくるよう持ちかえるのもよいでしょう。北の空の場合などは、逆さまにして持つ方がよいわけです。

▲**ふつうの地図とはちがう東西** 星座早見や円形の星座図の東西の方位は、ふつうの地図とは反対になっているように思えます。星座図は頭上にかざして見あげるものなので、実際にやってみるとこれで正しいことがわかります。

星空のものさし

星の間隔のはかり方

30センチくらいの大きさの満月が、何メートルくらいの高さのところに見えたなどといってしまいそうですが、考えてみると具体的なようで、実際のところぜんぜんそうではないことに気づかされます。そこで、天体の見かけの大きさや星と星との間隔、地平線からの高さなどは、すべて"角度"でいいあらわすことになります。たとえば、北極星の北の地平線からの高さは35度あるとか、北斗七星の長さは25度あるとか、満月の見かけの直径は0.5度とかいいあらわすわけです。

▲ヘール・ボップ彗星　1997年に出現したこの大彗星は、宵の西空の20度くらいの高さのところにおよそ10度の尾をひいて見えました。

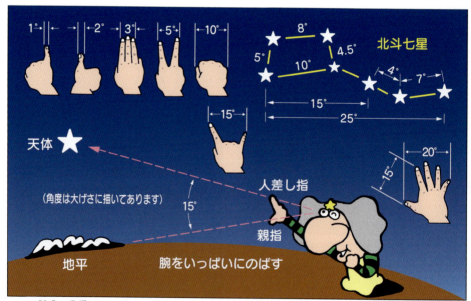

▲**星の角度の手軽なはかり方**　星の間隔は角度でいいあらわすのが正しいからといって、いつも分度器ではかるというわけにもいきません。そんなときには、自分の目の前に腕をいっぱいにのばして見たとき、手のひらや指のひらきの間隔、あるいはにぎりこぶしが、およそどれくらいの角度で見えるかを、おぼえておくと星のものさしとして便利に使えます。たとえば、にぎりこぶし2個重ねたくらいの角度だったら、およそ20度くらいと見当をつけるわけです。

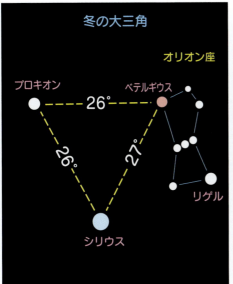
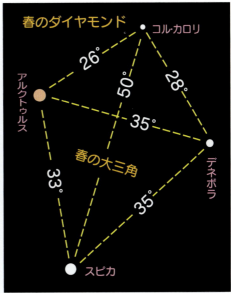
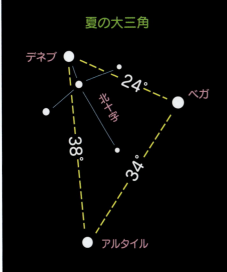

▲**星どうしの間隔** グー、チョキ、パーというふうに、自分の手のひらなどで星の間隔をはかるのは、とても便利でわかりやすく、星座ウォッチングのときなどのように、ごく大ざっぱな角度を知りたいときは、もうこれでじゅうぶんといえます。しかし、もうちょっと正確にというのであれば、星の間隔を知っておくのがよいといえます。上に各季節で目につく星のならびの間隔が示してありますので、これでも実際の星空でのスケールなどを知ることができます。

星の明るさくらべ

星の光度・等級

ひと目でわかる明るい星から、肉眼でやっと見える暗い星まで、星ぼしを明るさごとにランクづけしたのが、1等星とか2等星などとよばれる、星の明るさのいあらわし方で、星の"光度"とか"等級"といいます。

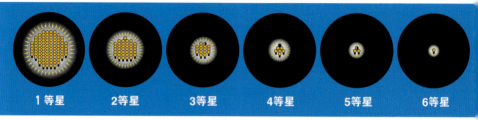

▲**星の明るさくらべ** 肉眼で見えるいちばん暗い星が6等星で、その6等星の100倍の明るさの星が1等星です。1等星より明るい星は、0等星、マイナス1等星、マイナス2等星などと、マイナス（−）の記号をつけていいあらわします。また、6等星より暗い星は7等星、8等星と数字が大きくなっていきます。さらに3.4等星などと、より詳しく明るさをあらわすこともあります。なお、肉眼で見える6等星より明るい星の数は、全天でおよそ6000個と意外に少ないのです。

▲**高原の星空** 夜空の暗く澄んだ高原や海辺のようないわゆる"光害"のほとんどない場所では、6等星までの星や天の川などが肉眼でよく見え、星座ウォッチングの本当の楽しさが味わえます。一度はそんな場所へ出かけての星座めぐりがおすすめです。とくに家族や友人たちとそろって出かければ、思わず会話がはずみ思い出もより深まることでしょう。そして、なにより安全にゆったり気分で美しい星空をながめられるのがうれしいところです。

星座の見つけ方

▲**双眼鏡で星を確認** 夜空の明るい町中でも、双眼鏡を使えば意外に星座の星がよく見えます。そんな場所では外灯などの光が直接あたらないようにして、双眼鏡での星座ウォッチングがおすすめです。

◀**星空の見え方のちがい** 夜空のじゅうぶんに暗い場所（上）なら、肉眼ではっきり見える天の川も、町明かりの中（下）では見ることができないのが惜しまれます。

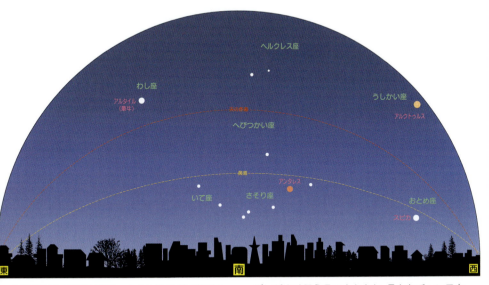

▲**町明かりのある星空** ネオンや外灯、時にはスモッグなどのため都会での星座ウォッチングは、淡い星が見えず、星座の姿がつかみにくいというのが実情です。しかし、それでも冬の透明度よく晴れあがった晩には、思いがけず星座の星ぼしがよく見えることもあり、そんなチャンスをのがさないようにしたいものです。また目につく明るい星さえわかれば、その星をたよりに星座の位置やひろがりなどの見当がつけられ、それなりに星座ウォッチングは楽しめることでしょう。

一晩の星空の動き

星の日周運動

星座ウォッチングをしばらく続けていると、時間とともに星座の星ぼしがいつの間にやら、東から西へ移っていくのに気づくことでしょう。

これは、私たちの住んでいる地球が、西から東まわりに一日24時間かかって自転していることによる見かけ上の動きで、「星の日周運動」とよんでいます。290ページにも解説があります。

▲北斗七星の30分間の動き

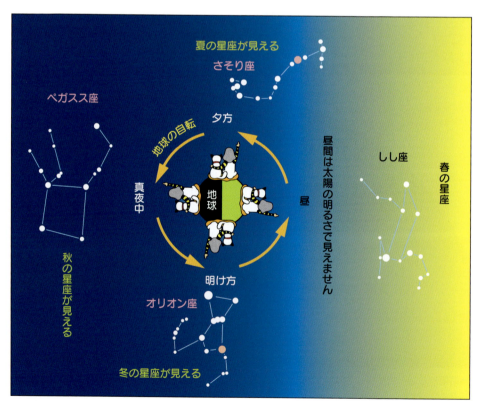

▲一晩の日周運動のようす　地球の自転につれ、星が日周運動でゆっくり東から西へと動いていくため、一晩中星空をながめていると、日暮れのころ、真夜中のころ、夜明けのころで見える星座が移り変わっていき、一晩で三つの季節の星座が楽しめることになります。

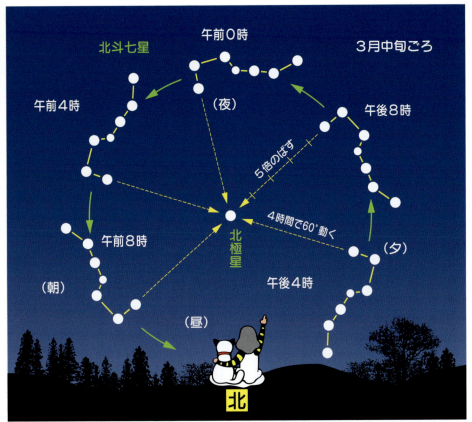

▲**北斗の星時計** 上の図は、北極星のまわりをめぐる、北斗七星の日周運動のようすです。時間がたつにつれ、反時計まわりに1時間15度のわりで回転していきますので、時計がわりに使うこともできます。針は時針だけですが、「北斗の星時計」ともよばれています。

▶**星の日周運動の起こるわけ** 私たちは、一日24時間で自転する地球上に住んでいます。このため、西から東へまわる地球の回転につれ、星空の方は逆に東から西へと移りかわる日周運動となって見えます。太陽や月が東から昇って西へしずんでいくように見えるのもこのためです。

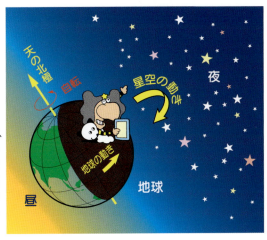

季節で移り変わる星空

星の年周運動

毎晩、同じ時刻、たとえば午後8時ごろ星空を見あげていると、同じ星座の見えはじめる時刻が、毎日約4分ずつ早くなるのに気づくことでしょう。そして、この割合でいくと同じ星座は1か月で2時間も早く、さらに1年12か月がかりで、またもとの同じ午後8時に見えるようにめぐってくることがわかります。これが「星の年周運動」です。(291ページ参照)

▲冬の宵のころの北斗七星。

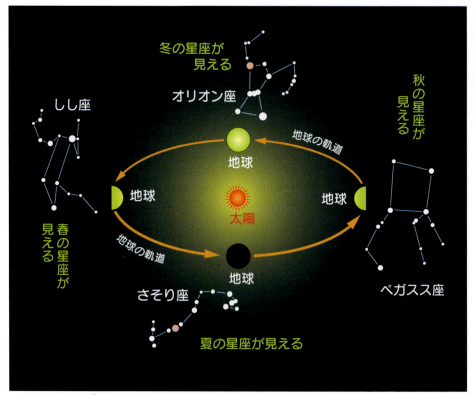

▲**星の年周運動の起こるわけ** 地球が1年がかりで太陽のまわりをめぐっているため、地球の夜の側の方向に見える星空が移り変わっていき、季節ごとに星座が移り変わるように見えるわけです。そして、1年でひとめぐりすると、またもとの星座がもどってくることになります。

星座の見つけ方

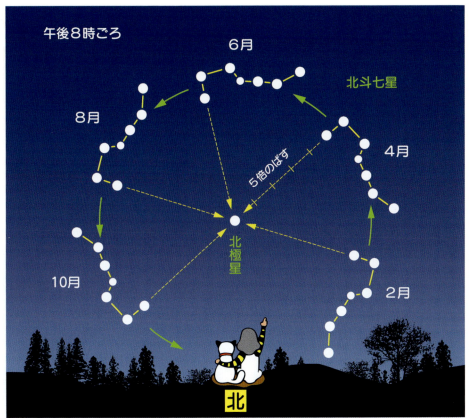

午後8時ごろ

6月　北斗七星　4月　2月　10月　8月

5倍のばす

北極星

北

▲**北斗の星ごよみ**　毎晩同じ時刻に北斗七星を見ていると、北斗七星の見えはじめる位置が、毎日4分ずつ早まり、少しずつ移り変わっていくのがわかります。つまり、同じ時刻での北斗七星の見える位置の変化が、季節によってかわるカレンダーがわりに使えることになるというわけです。

▶**太陽のいる黄道星座**　昼間になるので太陽のいる方向の黄道星座は見ることができません。しかし、夕暮れのころの黄道星座と夜明け前の黄道星座を見れば、その間の太陽のいる黄道星座がわかることになります。

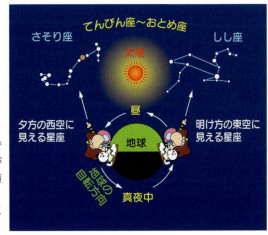

さそり座　てんびん座〜おとめ座　しし座　太陽　夕方の西空に見える星座　昼　明け方の東空に見える星座　地球　地球の自転方向　真夜中

誕生星座を見つけよう

黄道12星座

　星座の中の太陽の通り道のことを"黄道"とよんでいます。その黄道上にあるのが黄道星座で、全天ぐるり一周で12星座あります。自分の誕生星座は、その黄道星座に必ずあり、下段の星図からたしかめて、おぼえておくとよいでしょう。

▲**自分の誕生星座を見つけよう**　実際の夜空で自分の誕生星座を見つけだすのは、とても楽しいものです。といっても誕生日のころ、自分の星座が南の空で見つけやすくなっているわけではありません。日暮れのころ、自分の誕生星座が南の空にやってきて見やすくなるのは、誕生日のおよそ3か月前のころと見当づけておけばよいでしょう。たとえば、8月21日〜9月20日のおとめ座生まれの人は、5月から6月ごろの、日暮れの南の空に注目すればよいわけです。明るい惑星が黄道星座に見えているときも見つけやすく、その表が36ページにあります。

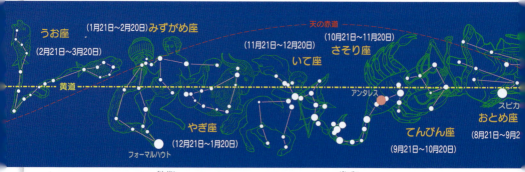

▲**黄道12星座と誕生日の関係**　黄道星座は大きさがまちまちで、星占いの黄道12宮とは区分が少しちがっています。また、大昔にきめられた12宮とは、現在では、太陽の位置と誕生日は少しずれたものとなっています。なお、星占いと上の誕生星座の直接の関係は全くありません。

星座の見つけ方

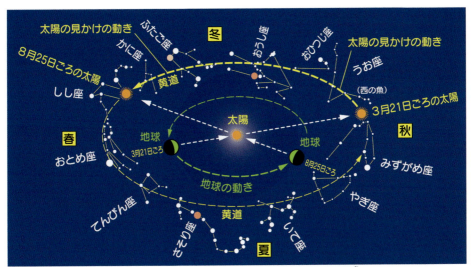

▲**太陽の星座の中での動き** 地球は太陽のまわりを1年かかってめぐっています。その地球から太陽を見ていると、見かけ上、太陽の方が黄道星座の中を動いていき、1年で星空を一周するように見えます。たとえば、3月21日ごろの春分の日の太陽は、うお座の西の魚のあたりから、春のやわらかい日ざしを投げかけてくることになるわけです。もちろん、昼間なので星座の姿は見られませんが、太陽のいる方向がうお座だとわかることになります。太陽系の惑星たちも太陽と同じように黄道12星座の中を動いていきますが、その見え方は36ページに解説があります。

※星占いなどの日付けと少し異なる場合があります

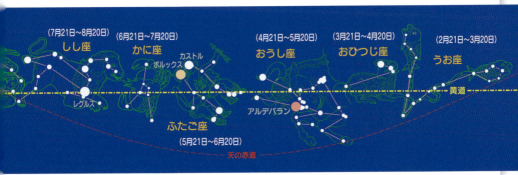

▲**誕生星座を見つけるには** 自分の誕生日のころは、太陽が自分の誕生星座の近くにいるため見つけにくいので、しっかり見るためには前ページの上の解説のように誕生日の3〜4か月前の、宵のころ南の空で見つけるようにするのがよいといえます。

動いていく惑星たち

惑星のいる黄道星座

34ページにお話ししてあるように、太陽の星空での通り道が黄道ですが、その通り道にある黄道12星座の中には、太陽系の惑星たちの姿も見えていることがあります。黄道12星座のどれかの中に、明るい見なれない星を見つけたら、それはたいてい火星や木星、土星といった明るい惑星たちだと思ってまちがいありません。

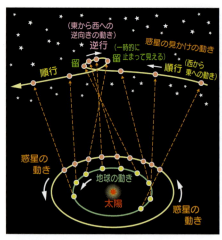

▲惑星の星空での動き　星座の星ぼしとちがって惑星は日にちがたつと動いて位置がかわります。それも行ったり戻ったりして見えます。

▶土星　望遠鏡で見ると、点に光ってしか見えない恒星とちがい、惑星は特徴のある姿がわかります。

火星（地球に接近する年月と星座）			木星（衝になる年月と星座）			土星（衝になる年月と星座）		
2018年	7月	やぎ座	2018年	5月	てんびん座	2018年	6月	いて座
2020年	10月	うお座	2019年	6月	へびつかい座（さそり座）	2019年	7月	いて座
2022年	12月	おうし座	2020年	7月	いて座	2020年	7月	いて座
2025年	1月	かに座	2021年	8月	やぎ座	2021年	8月	やぎ座
2027年	2月	しし座	2022年	9月	うお座	2022年	8月	やぎ座
2029年	3月	おとめ座	2023年	11月	おひつじ座	2023年	8月	みずがめ座
2031年	5月	てんびん座	2024年	12月	おうし座	2024年	9月	みずがめ座
2033年	7月	いて座	2026年	1月	ふたご座	2025年	9月	うお座
2035年	9月	みずがめ座	2027年	2月	しし座	2026年	10月	くじら座（うお座）
2037年	11月	おうし座	2028年	3月	しし座	2027年	10月	うお座
2039年	12月	ふたご座	2029年	4月	おとめ座	2028年	10月	おひつじ座
2042年	2月	しし座	2030年	5月	てんびん座	2029年	11月	おひつじ座
2044年	3月	しし座	2031年	6月	へびつかい座（さそり座）	2030年	11月	おうし座
2046年	4月	おとめ座	2032年	7月	いて座	2031年	12月	おうし座

▲明るい惑星のいる星座　火星は地球に接近して、とくに明るく赤く見えるときを示してあります。木星と土星は太陽の真反対側にやってきて、一晩中見やすくなる衝のころの月が示してあります。木星はマイナス2等級、土星は0等級の明るさで見え、ひときわめだちます。

星雲、星団を見よう

双眼鏡でウォッチング

星座の中には、二つの星がぴったりよりそった愛らしい二重星、明るさを変える変光星といった変わりものの天体たちがあります。そんな天体たちの中で魅力的なのはやはり星雲・星団です。双眼鏡でも見えるものがありますので、視野がゆれないよう双眼鏡をしっかり固定して見るようにしてください。

▲双眼鏡の見方　しっかり固定しましょう。

M45

▲**散開星団**　肉眼や双眼鏡でも星つぶのわかるものがあります。年齢の若い星たちのまばらな集団です。

NGC104

▲**球状星団**　年老いた星たち数十万個が、ボールのように丸くびっしり群れているものです。

M42

▲**散光星雲**　冷たいガスやチリが、近くの星の光に刺激され、ぼうっと輝いて見えているものです。

網状

▲**超新星残骸**　太陽よりずっと重い星が、一生の終わりに超新星の大爆発を起こしたなごりの姿です。

M57

▲**惑星状星雲**　太陽くらいの重さの星が、一生を終えるときの姿で、惑星のように形が小望遠鏡で見えます。

M31

▲**銀河**　私たちの銀河系と同じ数千億個の星の大集団で、渦巻銀河、楕円銀河などその姿形はさまざまです。

プラネタリウムへ出かけよう

人工の星空ウォッチング

丸天井に星空のようすを再現して見せてくれるのが、プラネタリウムです。現在、全国に350館ちかいプラネタリウムが、投影を行っていますので、ぜひ人工の星空ウォッチングの楽しみも味わってみてほしいものです。

プラネタリウムの解説の話題も、各館ごとにじつにさまざまですし、季節ごとに内容も変わりますので、何度出かけても楽しむことができます。電話やインターネットなどで、投影内容や投影開始時刻をたしかめて出かけるのがよいでしょう。

▲プラネタリウムの投影　天文の解説ばかりでなく迫力ある映像中心のものや、音楽に耳をかたむけながらの、癒し系の投影などもあります。

名称	所在地	電話	望遠鏡	プラネタリウム
旭川市科学館サイパル	北海道旭川市	0166-31-3186	65cm反射	18m（ツァイス）
札幌市青少年科学館	北海道札幌市	011-892-5001	60cm反射	18m（五藤光学）
小岩井農場星と自然館	岩手県雫石町	019-692-4321	20cm屈折	───
仙台市天文台	宮城県仙台市	022-391-1300	130cm反射	25m（五藤）
福島市浄土平天文台	福島県福島市	0242-64-2108	41cm反射	───
郡山市ふれあい科学館スペースパーク	福島県郡山市	024-936-0201	───	23m（五藤）
日立シビックセンター科学館	茨城県日立市	0294-24-7731	───	22m（大平技研）
栃木県子ども総合科学館	栃木県宇都宮市	028-659-5555	75cm反射	20m（五藤）
群馬県立ぐんま天文台	群馬県高山村	0279-70-5300	150cm反射	───
川口市立科学館サイエンスワールド	埼玉県川口市	048-262-8431	65cm反射	20m（コニカミノルタ）
千葉市科学館	千葉県千葉市	043-308-0511	───	23m（五藤）
コニカミノルタプラネタリウム"満天"	東京都豊島区	03-3989-3546	───	17m（コニカミノルタ）
国立科学博物館	東京都台東区	03-5777-8600	20cm屈折	───
多摩六都科学館	東京都西東京市	042-469-6100	───	27.5m（五藤）
府中郷土の森博物館	東京都府中市	042-368-7921	───	23m（五藤）
国立天文台	東京都三鷹市	0422-34-3600	50cm反射	───
はまぎんこども宇宙科学館	神奈川県横浜市	045-832-1166	───	23m（五藤）
新潟県立自然科学館	新潟県新潟市	025-283-3331	60cm反射	18m（五藤）
胎内自然天文館	新潟県胎内市	0254-48-0150	60cm反射	───
富山市天文台	富山県富山市	076-434-9098	100cm反射	───
ディスカバリーパーク焼津天文科学館	静岡県焼津市	054-625-0800	80cm反射	18m（コニカミノルタ）
名古屋市科学館	愛知県名古屋市	052-201-4486	80cm反射	35m（ツァイス）

▲プラネタリウムと公開天文台（このほか各地にたくさんあります）

公開天文台で見よう

大望遠鏡で見る天体ウォッチング

全国各地に大きな口径の望遠鏡を持つ、市民向けの公開天文台があります。たいていは、プラネタリウムも併設されており、展示コーナーもありますので、楽しみは大きくなります。天体望遠鏡のない方は、公開天文台で企画される天体観望会へ出かけての天体ウォッチングがおすすめです。そうすれば、大きな望遠鏡で天体の姿を見ながら解説員の解説も楽しめることになります。しかも、質問にも親切に答えてもらえ、星座や天体、宇宙への理解もより深まることでしょう。

▲公開天文台の大口径の望遠鏡　小さな望遠鏡では味わえない、天体の迫力ある姿が楽しめますので、大いに利用することにしましょう。

名称	所在地	電話	望遠鏡	プラネタリウム
半田空の科学館	愛知県半田市	0569-23-7175	40cm反射	18m（コニカミノルタ）
尾鷲市立天文科学館	三重県尾鷲市	0597-23-0525	81cm反射	――
大阪市立科学館	大阪府大阪市	06-6444-5656	50cm反射	26.5m（コニカミノルタ）
バンドー神戸青少年科学館	兵庫県神戸市	078-302-5177	25cm屈折	20m（五藤）
明石市立天文科学館	兵庫県明石市	078-919-5000	40cm反射	20m（ツァイス）
兵庫県立大学西はりま天文台	兵庫県佐用町	0790-82-0598	200cm反射	――
紀美野町立みさと天文台	和歌山県紀美野町	073-498-0305	105cm反射	5m（コニカミノルタ）
鳥取市さじアストロパーク	鳥取県鳥取市	0858-89-1011	103cm反射	6.5m（五藤）
日原天文台	島根県津和野町	0856-74-1646	75cm反射	――
美星天文台	岡山県井原市	0866-87-4222	101cm反射	――
岡山天文博物館	岡山県浅口市	0865-44-2465	188cm反射	10m（コニカミノルタ）
倉敷科学センター	岡山県倉敷市	086-454-0300	50cm反射	21m（五藤）
広島市こども文化科学館	広島県広島市	082-222-5346	――	20m（五藤）
阿南市科学センター	徳島県阿南市	0884-42-1600	113cm反射	――
愛媛県総合科学博物館	愛媛県新居浜市	0897-40-4100	――	30m（五藤）
北九州市立児童文化科学館	福岡県北九州市	093-671-4566	20cm屈折	20m（五藤）
佐賀県立宇宙科学館ゆめぎんが	佐賀県武雄市	0954-20-1666	20cm屈折	18m（コニカミノルタ）
長崎市科学館	長崎県長崎市	095-842-0505	50cm反射	23m（五藤）
関崎海星館	大分県大分市	097-574-0100	60cm反射	――
宮崎科学技術館	宮崎県宮崎市	0985-23-2700	――	27m（五藤）
鹿児島市立科学館	鹿児島県鹿児島市	099-250-8511	――	23m（五藤）
竹富町波照間島星空観測タワー	沖縄県竹富町	0980-85-8112	20cm屈折	――

▲プラネタリウムと公開天文台（プラネタリウムはドームの直径とメーカー名です）

冬の星座を見つけよう

凍てつく透明な大気の中で、明るい星ぼしがまたたきあうさまは、一年中で最も豪華な星の輝きに包まれる幸せさを味わわせてくれることでしょう。

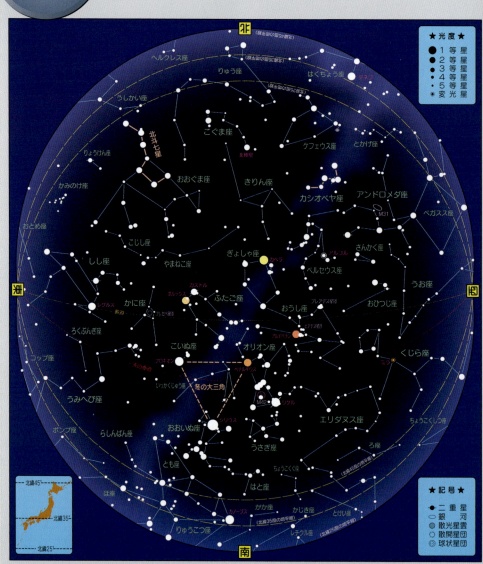

▲**冬の星空** 星空全体のようすで、円の中心が頭の真上"天頂"にあたります。緯度別の星空の見える範囲のちがいも示してあります。

▶**冬の星座たち** 冬の宵のころ南の空に見える星座たちの絵姿をあらわしたもので、ぎょしゃ座の五角形のあたりが頭の真上になります。

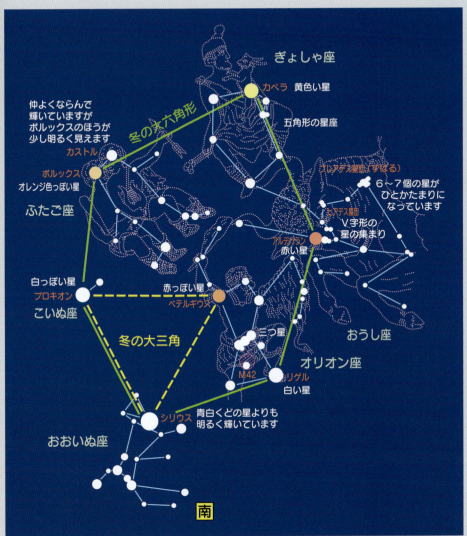

◀**冬の星座** 冬の夜空には、明るい1等星がたくさん見えていますので、星空がまぶしく感じられるほどです。そんな明るい星ぼしを目にして気づくのは星の色のカラフルさです。赤味をおびた星もあれば、青白く輝く星もあるというふうにじつにさまざまですが、暗い星の色は肉眼ではわかりにくいので、澄みきった大気の中で輝く明るい星が多い冬の夜空は、星の色のちがいを楽しむには絶好の季節といえます。星の色のちがいについては282ページに解説があります。

▲**冬の星座の見つけ方** 宵のころ南の空を見あげてギラギラといった印象で輝く、明るい星を見つけたら全天一明るいおおいぬ座のシリウスと思ってまずまちがいありません。このシリウスと赤っぽいオリオン座のベテルギウス、白色のこいぬ座のプロキオンの3個の1等星で形づくる逆正三角形の「冬の大三角」が、冬の星座さがしの一番の目じるしです。この明るく大きな逆正三角形は、都会の夜空でさえ見えるものです。冬の大六角形もたどってみましょう。

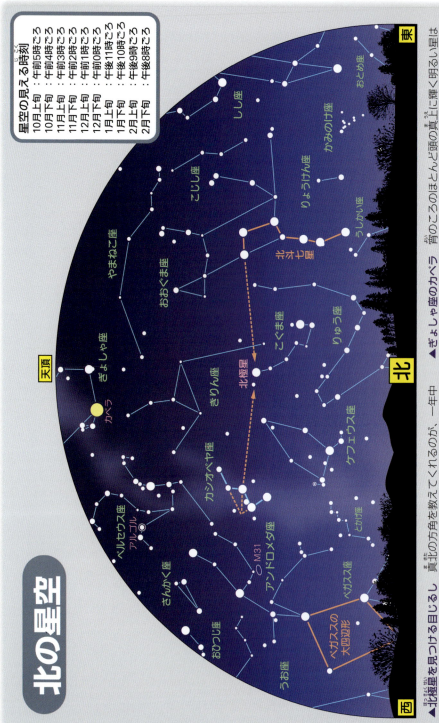

南の星空

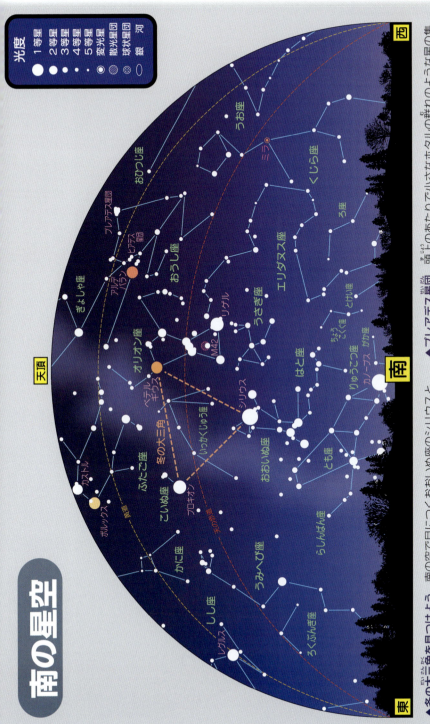

▲冬の大三角を見つけよう　南の空で目につくおおいぬ座のシリウスと、オリオン座のベテルギウス、それにこいぬ座のプロキオンでつくる冬の大三角は、冬の星座さがしのよい目じるしになってくれています。この大三角は、冬の星座の逆三角形は透明度の良いこの時季、都会でも見えるものです。

▲プレアデス星団　頭上のあたりで小さなホタルの群れのような星の集まりが見えています。おうし座のプレアデス星団で、肉眼でも6〜7個の星がかぞえられます。日本では昔から"すばる"とよばれていた星群です。近くに、ヒアデス星団のV字形の星の群れも見えています。

冬のよく見かる星座を見よう

東の星空

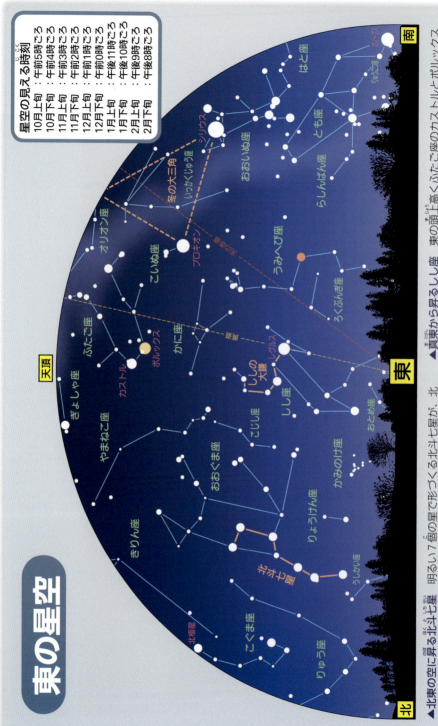

星空の見える時刻
- 10月上旬：午前5時ごろ
- 10月下旬：午前4時ごろ
- 11月上旬：午前3時ごろ
- 11月下旬：午前2時ごろ
- 12月上旬：午前1時ごろ
- 12月下旬：午前0時ごろ
- 1月上旬：午後11時ごろ
- 1月下旬：午後10時ごろ
- 2月上旬：午後9時ごろ
- 2月下旬：午後8時ごろ

▲北東の空に昇る北斗七星 明るい7個の星で形づくる北斗七星が、北東の空からまっすぐに立ち上がってくる。昇ってくるのが目につきます。星座図ではそんなに大きいようには見えませんが、実際の星空での北斗七星は、意外に大きく見えていることに注意してください。

▲真東から昇るしし座 東の頭上高くふたご座のカストルとポルックスがならんで輝いているのが目をひきますが、そのずっと下方の東の地平線近くからは、しし座が勢いよく駆け昇ってくるように全身をあらわしています。白色の1等星レグルスがしし座の大鎌です。目じるしは、白色の1等星レグルスがしし座の大鎌です。

西の星空

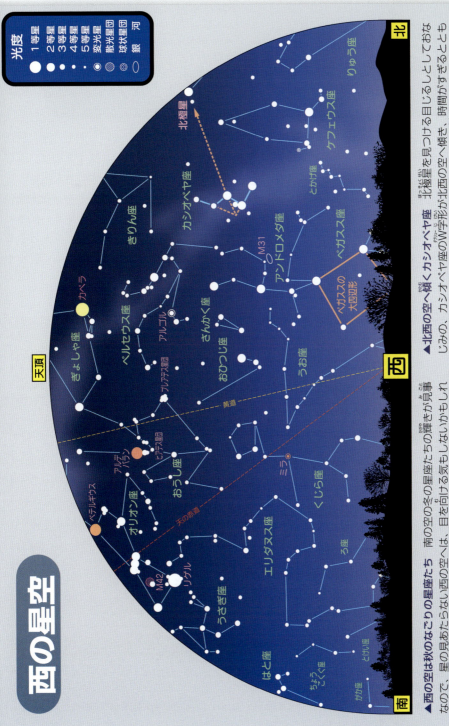

光度							
1等星	2等星	3等星	4等星	5等星	変光星	散光星団	球状星団	銀河

▲西の空は秋のなごりの星座たち
西の空は秋のなごりの空へは、目を向ける気もしないかもしれませんが、秋のなごりの淡い星座たちが、いっせいに西の地平線へと姿を消そうとしているところです。

南の空の冬の星座たちの輝きが見事なので、星の見あたらない西の空へは、目を向ける気もしないかもしれませんが、秋のなごりの淡い星座たちが、いっせいに西の地平線へと姿を消そうとしているところです。

▲北西の空へ傾くカシオペヤ座
北極星を見つける目じるしとしておなじみの、カシオペヤ座のW字形が北西の空へ傾き、時間がすぎるとともに地平低く下がっていきます。北極星を見つける役目は、このW字形にかわって、北東の空へ昇っている北斗七星が、になうことになります。

冬の夕よいけを星座を見つちけよう

オリオン座
Orion (略符 Ori)

概略位置　：赤経5h32m 赤緯+6°
20時南中：2月5日
南中高度　：61°
肉眼星数　：77個（5.5等星まで）
面積　　　：594平方度（順位26）
設定者　　：プトレマイオス

真冬の宵の南の空高く、ななめ一列に行儀よくならんだ「三つ星」と、すぐその南にタテ一列に小さくつらなる「小三つ星」をはさみ、左上かどに赤い1等星ベテルギウスと右下かどに白い1等星リゲルが輝きあうオリオン座は、巨人の狩人オリオンの姿をあらわした華やかな星座です。全天一明るく、しかも、全天屈指の形の整った美しいオリオン座は、誰もがお気に入り、誰もが大好きな星座として人気が高く、真冬の澄みきった大気の中で輝くその姿は、夜空の明るい都会でさえはっきりわかるほどで、見あげる者をうっとり幸せな気分にさせてくれます。

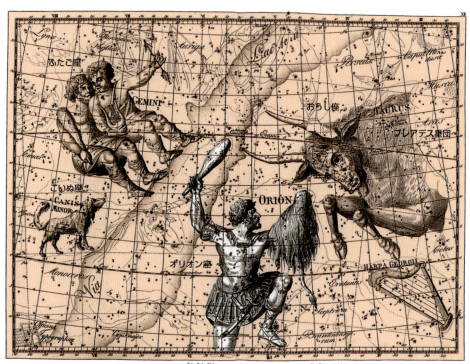

▲オリオン座と冬の星座たち　ドイツの天文学者ボーテが、1801年に刊行した星図書『ウラノグラフィア』にある冬の星座の北よりの部分で、狩人オリオンと牡牛が闘うような構図に描かれています。しかし、オリオンの関心は、じつはプレアデス星団の七人姉妹の方にあるといわれます。

▲オリオン座 ギリシャの詩人ホメロスも、その叙事詩の中で「背の高いこの上ない美しい男の子」と、オリオン座の見事さをたたえているほどで、事実その明るく美しい豪華な輝きを目にすれば、誰でもひと目ぼれすることうけあいの星座といえます。

▲**真西へしずむオリオン座** 中央の三つ星のところを天の赤道が通っているため、オリオン座は真東から昇って真西へとしずんでいきます。このため、東西の正しい方角を知りたいときの、よい目じるしになってくれます。

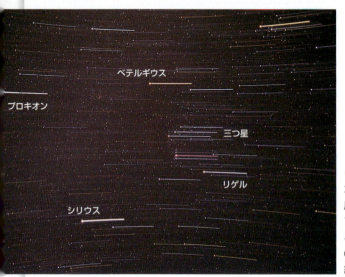

◀**南の空を行く冬の大三角** オリオン座のベテルギウスとおおいぬ座のシリウス、それにこいぬ座のプロキオンの3個の1等星でつくる、冬の大三角の星ぼしの30分間の動きで、東（左）から西へ一直線に動いていくのがわかります。

▲**せいぞろいした冬の星座たち** 明るい1等星が7個も見えている冬の宵の星空は、町の中でさえ星座の姿がつかみやすく、星座ウォッチングを楽しむには、一番のシーズンといえます。夜空の暗く澄んだ場所でなら、その中ほどをななめに横切る、冬の天の川の淡い姿さえよく見えます。

▼青白く輝くリゲル　名前の意味は「巨人の左足」です。ベテルギウスが赤く輝く理由は、表面温度が太陽の半分の、およそ3000度と低いためですが、リゲルは逆に1万度を超える高温星のため、青白く輝いて見えています。

▲赤味をおびたベテルギウスの輝き　名前の意味は「巨人のわきの下」で、その位置に輝いています。距離498光年のところにある赤色超巨星で、その直径はなんと太陽の500倍から1000倍の間で、まるで風船のように、不安定に収縮をくりかえす表面温度の低い星です。このため、いつ超新星の大爆発を起こすかもしれないとみられています。

さそり座とオリオン座

「俺様にかなうものが、この世にいるとでもいうのか……ガハハハ……」狩人オリオンの日ごろの乱暴と高言に怒った女神ヘラは、大さそりを放ってオリオンの足を刺させました。
こんなわけで、星座になってからもオリオン座は大さそりを恐れ、さそり座が東から昇ってくると大急ぎで西の地平線へかくれ、さそり座が西へしずむのを見とどけてから、東の空へ姿をあらわすのだと伝えられています。両者が天球上で真反対に位置して、同時に見えることのないのを、神話に結びつけたお話です。

▲さそり座の切手

▲オリオン座の切手

（163ページの神話も参照）

▶双眼鏡で見た三つ星付近のながめ　オリオン座の中央部の三つ星と小三つ星が同じ視野内に見えてきますが、小三つ星の中ほどにあるのは、鳥が翼をひろげたようにひろがる、オリオン座大星雲M42だとすぐにわかります。三つ星のゼータ星近くの馬頭星雲などは、淡すぎて写真では写せますが、肉眼ではほとんど見えません。

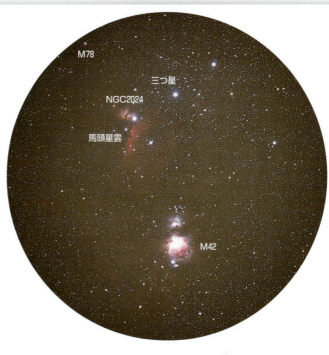

▼オリオン座大星雲M42　距離1500光年のところにひろがる巨大なガス星雲で、小さな望遠鏡でも、目のさめるような美しい姿が楽しめます。この中では、無数の赤ちゃん星"原始星"が誕生してきています。

▲M42の中心に輝く四重星トラペジウム　オリオン座大星雲の中心部には、この星雲を輝かせているトラペジウムとよばれる青白い4個の若い星が輝いているのが、小さな望遠鏡でもわかります。トラペジウムというのは、"台形"という意味の名で、星の配列からきているものです。

冬の星座を見つけよう

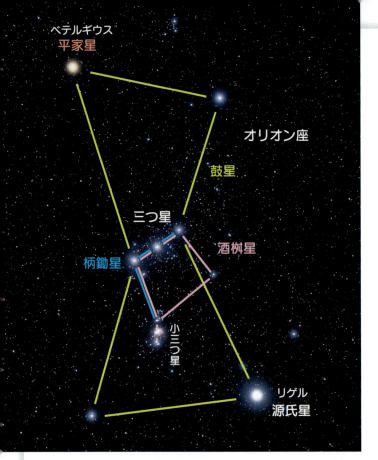

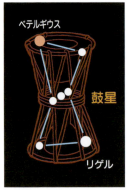

◀源平合戦の星　日本でもオリオン座の星は注目されていて、赤いベテルギウスは「平家星」、白いリゲルは「源氏星」とよぶ地方もありました。

▲鼓星　和楽器の鼓です。

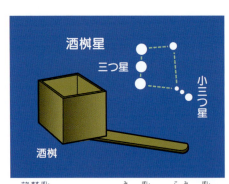

▲酒枡星　オリオン座の三つ星と、小三つ星を結んで酒をはかる枡の形に見たてたもので、九州などでは「油枡」や「合枡」などのよび名もありました。日本の星の名は地方色豊かな親しみやすいものばかりです。

▲柄鋤星　三つ星と小三つ星を結んだ形を「柄鋤星」とよびましたが、これは牛に引かせて田んぼを耕す柄のついた、クワのような昔の農具の形と見たものです。

★星座物語

オリオン座

★アルテミスの恋

月と狩りの女神アルテミスは、たくましい狩人オリオンにいつしか心をひかれるようになり、愛するようになっていました。しかし、女神の兄で日の神アポロンには、それがどうにも気に入りません。
「女神ともあろうものが、なみの男と恋に落ちるとはもってのほか、まして相手がとかくうわさの多いオリオンとあってはなおさらのこと、許されるものではないぞ……」
そこで、ある日のこと、父親の海の神ポセイドンから、水の中を自由に歩きまわる能力をさずかっていたオリオンが頭だけを出して海の中を歩いているのを見つけると、日の光を浴びせ、黄金に輝かせておいて、妹アルテミスに言いました。
「いくらお前が弓の名人だからといっても、まさかあの光っているものまでは射当てられまいよ……」
女神はもちろん、それが愛するオリオンとはつゆ知りません。
「なんのお兄様、まあ、見ててごらんなさいな……」

★アルテミスの悲しみ

そう言うなり、自慢の弓に矢をつがえ、その光るものに向かって、ヒューッと矢を射かけました。もちろん、狩りの名人で弓の達人のアルテミスの矢がそれるはずもなく、みごとにその光るもののまん中を射ぬきました。
ところがなんと、その光るものが浜辺に打ち上げられてみると、それは自分の愛するオリオンの変わりはてた姿だったではありませんか。
「ああ、私はなんということをしてしまったのでしょう……」

★冬の夜空で

アルテミスは深く悲しみ、大神ゼウスにとくに願って、オリオンを星座にしてもらい、自分が銀の馬車で夜空を走っていくとき、いつも愛するオリオンに会えるようにしてもらうことにしました。
冬の夜、オリオン座のすぐ近くを、皓々と輝く大きな月が通りすぎていくのを目にすると、この神話がなんともいじらしく、ほほえましく思いだされることでしょう。

▲月と狩りの女神アルテミス（ブーシェ画）

おうし座(牡牛)
Taurus (略符 Tau)

概略位置 ：赤経4h39m 赤緯+16°
20時南中：1月24日
南中高度：70°
肉眼星数：98個（5.5等星まで）
面積　　：797平方度（順位17）
設定者　：プトレマイオス

真冬の日暮れどき、頭上高くホタルの群れのような星の集まり「プレアデス星団」が目にとまります。日本では「すばる」のよび名で親しまれている星の群れですが、2本のツノをふりかざすようなおうし座の姿は、まず、このプレアデス星団からたどるのがよいでしょう。

おうし座

▲おうし座　牡牛の上半身だけですが、これは61ページの神話のように、大神ゼウスの変身した白い牡牛がエウロパ姫をさらって地中海を渡るときの姿で、下半身は海の中にひたっていて見えないのだとされています。おうし座は、4月21日～5月20日生まれの人の誕生星座です。

▲**おうし座とぎょしゃ座**　冬の夜空では狩人オリオン座にいどみかかる猛々しい牡牛の姿のように見えますが、その正体は大神ゼウスが変身した、雪のように白い牡牛の姿とされています。2本のツノの北側の先端は、ぎょしゃ座の五角形とつながっています。

◀**すばる** おうし座の肩さきに群れるプレアデス星団は、イギリスの詩人テニスンが「白銀の糸にもつれる一群のホタル……」と歌い、『銀河鉄道の夜』の詩人、宮沢賢治が「燐光を放つフラジウムの雁……」と讃えた美しい星群ですが、その名はギリシャ神話に登場するプレアデスの美しい七人姉妹に由来するものです。日本では、この星の群れを『古事記』の昔から「すばる」とよんで親しみ、平安時代の有名なエッセイスト清少納言も『枕草子』の中で、星の中ではやっぱり「すばるが一番すてき」と讃えています。すばるとは、星ぼしがむすばってアクセサリーのように美しいというほどの意味からきているものです。

▶**プレアデス星団** 上は双眼鏡で見たイメージで、右は望遠鏡で見たイメージに近い写真です。もちろん、青白く星団を包む星雲は写真ほどには見えませんが、冬の凍てついた透明な大気の中で、星団をうるんだ瞳のような輝きに見せてくれています。地球からプレアデス星団までの距離は407光年で、この冬、夜空に輝いて見えるその輝きは、日本の歴史でいえば、あの織田信長が明智光秀におそわれた、本能寺の変のころに星団を出た光ということになります。正体は年齢が5000万歳の、天文学的には赤ちゃん星たちの群れです。

▶**プレアデス星団と彗星** プレアデス星団の星をかぞえてみると、6個とも7個とも見えます。日本で「六連星」の名もあるように6個はたしかですが、プレアデスの七人姉妹から考えると、これでは一人足りないことになってしまいます。そこで、七人のうちの一人が「どこかへ行ってしまったのでは……」とも噂され、その一つの星は"迷子のプレヤド"とか、"行方知れずのプレヤド"などともよばれています。それについて、七人姉妹の一人エレクトラの子ダルダノスが建てたトロイの城の町が、ギリシャの大軍に攻めたてられ、木馬の計でほろぼされて猛火につつまれ、エレクトラはその悲しみに耐えきれずほうき星になって、いずことも知れず、その姿を消してしまったのだともいわれています。2005年の冬、C/2004 Q2マックホルツ彗星がプレアデス星団のすぐ近くを通りすぎ、そんな光景が見られました。

星かぞえ

プレアデス星団を肉眼で見ると、6〜7個の星がかぞえられます。目だめしに何個見えるものか、チャレンジしてみてはいかがでしょう。これまでは14個という記録もあります。双眼鏡でかぞえると、その場所での、星空の環境の良否もたしかめられます。

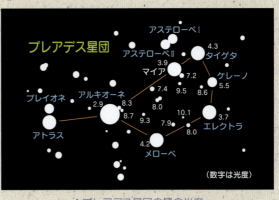

▲プレアデス星団の星の光度

▲**おうし座でならんだ木星と土星**　おうし座は黄道12星座のひとつなので、しばしば、明るい惑星がやってくることがあります。これは2001年にマイナス3等星の木星と0等星の土星がならんで見えたときの光景で、次回おうし座で同じ光景がながめられるのは2060年です。

▲**ヒアデス星団の見たて方**　牡牛の顔を形づくるV字形の星の集まりヒアデス星団は、肉眼で星の配列がわかり世界各地でさまざまな形に見たてられてきました。その中の赤い1等星アルデバランは、距離67光年のところにあり、偶然、156光年の星団に重なって見えているものです。

★星座物語

おうし座

★海の上をいく白い牡牛

ある晴れた昼下がり、フェニキア王の娘エウロパ姫は、海辺の牧場で侍女たちと草つみを楽しんでいました。

と、そこへどこからともなくあらわれた、雪のように白い牡牛が近づいてきて、エウロパ姫のそばにうずくまりました。

「私の背に乗ってごらんなさい……」

エウロパが、やさしくなでてやると、そんなそぶりさえみせるではありませんか。エウロパもつい気をゆるし、面白半分にその背にそっと乗ってみました。

ところが、なんと、エウロパが牡牛の背に乗るや、さっと身を起こし、海の中へ入りこみはじめたではありませんか。

「あれっ、助けて……」

牡牛の方はそんなことにはおかまいなしで、波の上をまるで地面のように踏みしめ、平然と沖へ沖へと出ていきます。侍女たちも、このできごとには、びっくり仰天、ただうろたえるばかりです。

★大神ゼウスの花嫁に

エウロパも陸が遠くかすんでしまっては、もう、どうすることもできません。

「私をどこにつれていく気なの……」

エウロパは恐る恐る白い牡牛にそっとたずねてみました。

「心配することはない。私は大神ゼウスで、おまえを花嫁にするのだよ……」

白い牡牛は人間のことばで、こうやさしくエウロパにこたえるのでした。

こうして大神ゼウスの変身した白い牡牛は、フェニキアの浜辺から地中海を渡ってクレタ島の海岸に着き、大神ゼウスとエウロパは、ゴルデュンの泉のそばで結婚しました。

★ヨーロッパの名のおこり

エウロパは、ここで三人のゼウスの子をもうけました。

そのうちのミノスはクレタ島の王に、ラダマンテュスは正義を説く法律家に、サルペドンはリキュアの王となりました。

今のヨーロッパのよび名は、エウロパが大神ゼウスの変身した、白い牡牛とともに上陸したところという意味で名づけられたと一説には伝えられています。

▲ゼウスの白い牡牛とエウロパ（パドヴァーニ画）

冬の星座を見つけよう

ぎょしゃ座(馭者)

Auriga (略符 Aur)

概略位置 ：赤経6h01m 赤緯+42°
20時南中：2月15日
南中高度：北83°
肉眼星数：47個（5.5等星まで）
面積　　：657平方度（順位21）
設定者　：プトレマイオス

冬の宵のころ、頭の真上を見あげると、黄色味をおびた明るい1等星カペラが見つかります。そして、このカペラを右上よりのかどにして、将棋のコマそっくりな、五角形の星のならびも目にとまることでしょう。

この五角形は、おうし座の二本のツノのうち北よりの星とつながっていますので、57ページの写真のように、むしろおうし座からたどった方がつかみやすいかもしれません。

この星座になっている馭者は、アテネ三代目の王となったエリクトニオスの姿とされ、足が不自由だったため、自分の発明した戦車をたくみにあやつって、戦場を駆けめぐった勇者と伝えられています。

▲ぎょしゃ座　ボーデの古星図のひとつに描かれた馭者の姿ですが、牝やぎとその仔やぎを抱く老人の姿のように見えます。この星座が、ギリシャよりはるかに古いバビロニアの時代からすでに知られており、当時の牝やぎを抱く老人の姿が、そのまま残されたためだといわれます。

▲**ふたご座とぎょしゃ座の五角形** 五角形を中国では「五車」、日本でも「五角星」とか「五つ星」などと、見たイメージそのままの名で親しんでいました。1等星カペラは、距離43光年のところで輝いていますが、一つの星ではなく、0.9等と1.0等の2個の星がめぐりあう連星です。

▲**ぎょしゃ座** ボーデの古星図ウラノグラフィアに描かれたもので、62ページの古星図とも見くらべてみてください。ぎょしゃ座の左側にある「ハーシェルの望遠鏡座」は、現在はありません。

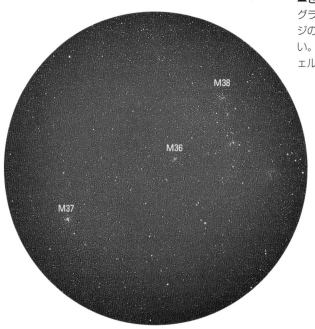

◀**ぎょしゃ座の散開星団** 五角形の中ほどに明るさのそろった散開星団M36、M37、M38が一列にならんでおり、双眼鏡ならこんなイメージに見えます。距離はM36が4140光年、M37が4401光年、M38が4303光年ですから、ほぼ同じようなところにならぶ、若い星たちの群れ三つということになります。

▲**最北の１等星カペラ** 12月下旬の夜明け近くか、２月中旬の真夜中ごろ、あるいは４月中旬の日暮れのころ、西の空に冬の星座たちが大きく傾いた姿が見られます。ぎょしゃ座の１等星カペラは、１等星としてはいちばん北よりに位置しているため、見えている期間が長く、緯度の高い北海道の北部では、一年中地平線下にしずむことのない、周極星となって見えています。

きりん座（麒麟）
Camelopardalis（略符 Cam）

概略位置	赤経8h48m 赤緯+69°
20時南中	2月10日
南中高度	北56°
肉眼星数	45個（5.5等星まで）
面積	757平方度（順位18）
設定者	ヘベリウス（プランシウス）

漢字で「麒麟座」などと書くと、ビールのトレードマークにあるような、東洋風の想像上の動物の姿を思い浮かべてしまいそうですが、星座になっているきりん座は、まぎれもなくアフリカの草原に住む、あの首の長い動物そのものの姿です。16世紀ごろに、この星座を設定した人びとにとって、あの首の長い動物きりんの姿は、驚きだったというわけです。
ただし、4等星より暗い星ばかりなので、きりん座の星をたどるのは、町の中ばかりでなく夜空の暗く澄んだ場所でさえ、むずかしいといえるほどのものです。

▼きりん座 冬の宵のころ北の空高くかかるときのきりん座は、この星座絵とは上下が逆さまのかっこうで見えていますので、その姿はよけいつかみにくいといえます。

◀古星図にあるきりん座 北極星に近い星座なので、一年中いつでも地平下にしずむこともなく、北の空のどこかしらに見えていますが、なにしろ淡くかすかな星ばかりなので、その姿をしっかりたどって見たという人も多いとはいえない星座です。

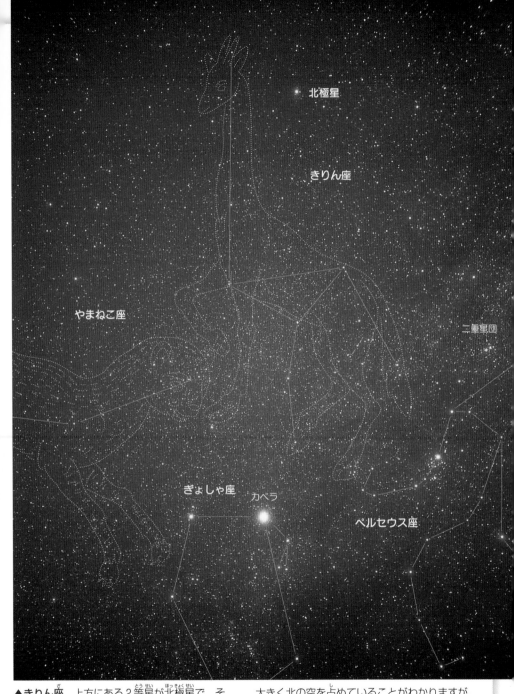

▲**きりん座** 上方にある2等星が北極星で、そのそばのきりんの頭部から、ぎょしゃ座の1等星カペラの近くの足先まで、全身がのびています。大きく北の空を占めていることがわかりますが、北極星とカペラの間にあると見当づけるほかに、見つける手がかりのない星座といえます。

ふたご座(双子)
Gemini (略符 Gem)

概略位置：赤経7h01m 赤緯+23°
20時南中：3月3日
南中高度：77°
肉眼星数：47個（5.5等星まで）
面積：514平方度（順位30）
設定者：プトレマイオス

2月上旬なら午後10時ごろ、3月中旬のころなら日暮れのころ、頭の真上あたりに似たような明るさの星二つが、仲よくならんで輝いているのが、目にとまります。ふたご座のカストルとポルックスの双子の兄弟星で、弟のポルックスの方がカストルよりほんの少し明るめに見えます。

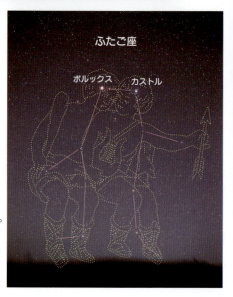

ふたご座

▶西へしずむふたご座　西の地平線にカストルと、ポルックスの双子の兄弟が仲良く肩を組んで立つように見えています。この一対の明るい双子の星は、日本では「犬の目」、「猫の目」、「かにの目」、「メガネ星」、「兄弟星」、「金星、銀星」などとよばれて親しまれていました。

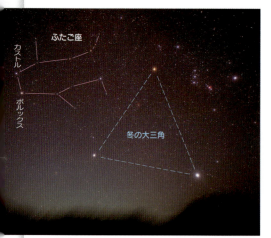

▲惑星のいないときに東から昇るふたご座　黄道12星座のひとつで、5月21日から6月20日生まれの人の、誕生星座がふたご座です。

▲木星のいるときに東から昇るふたご座　黄道12星座なので、しばしば明るい惑星たちがやってきて、カストルとポルックスとならびます。

▲**東から昇る冬の星座たち** ふたご座で目をひくのは、明るいカストルとポルックスの二つの星で、兄弟の姿は、それぞれのひたいに輝くこの明るい二つの星から、南西へのびる二列の星のならびであらわされ、わかりやすいものです。これは東から昇るときのふたご座の傾きです。

▼ポルックス　日本で「金星」とよばれるオレンジ色の巨星で、カストルより少し明るめの1.1等星です。距離34光年のところで輝いています。

▲カストル　日本で「銀星」とよばれる色あいの星で、ポルックスよりほんの少し暗めの1.6等星です。距離51光年のところで輝く白色の高温星で、小さな望遠鏡でも、1.9等星と2.9等星の二つの星が、ぴったりよりそってめぐりあう連星だとわかります。その周期は511年です。

ふたご座流星群を見よう

毎年12月14日ごろをピークに、ふたご座のカストルの近くから四方八方にたくさんの流れ星が飛びだすのを、見ることができます。夏8月のペルセウス座流星群なみの活発な出現を見せてくれる「ふたご座流星群」で、月明かりのない暗夜なら、ピーク時には1時間あたり30個くらいの流星を目にすることができ、見ていて楽しめるものです。

▲ふたご座流星群

★星座物語

ふたご座

★仲よし兄弟の武勇伝

大神ゼウスは白鳥の姿に化身して、スパルタ王妃レダに会いに出かけ、レダは二つの卵を生みました。そのうちの一方の卵からは、かわいい双子の兄弟カストルと、ポルックスが生まれることになりました。このためカストルは、スパルタ王の子で生身の人間でしたが、ポルックスは大神ゼウスの血をうけて不死身でした。成長したカストルは、戦いの技術にすぐれ乗馬の達人となり、ポルックスは拳闘の名手となって、さまざまな冒険談でともに名をとどろかせることになりました。二人はアルゴ船の遠征から帰った後の冒険では、いとこのイーダスとリュンケウスたちと、アルカディアに牛の群れをとらえに出かけたのですが、いとこたちがカストルとポルックスの分までことば巧みに横取りしてしまったため、それを奪いかえしに出かけることになりました。

★ポルックスの悲しみ

ところが、運の悪いことにカストルがリュンケウスに見つかり、弓矢で射殺されるという、とんでもない事態となってしまったのです。怒ったポルックスは、二人に槍を投げつけ、その仇を討ちましたが、不死身のため、仲のよかったカストルが死んで冥界に行ったとわかっていてもどうすることもできません。
そこで、大神ゼウスに不死身をといてもらうため、とくにこう願い出ていました。
「生まれたときも冒険のときも、いつも一緒だったのに、私は不死身で死ぬこともできません。どうか私の不死身をといて、カストルといっしょにいられるようにしてください……」

★友愛のしるしの星座に

大神ゼウスは、ポルックスの悲しみと友愛に深く心を打たれ、兄弟を一日ごとにオリンポスとあの世で暮らせるようにし、双子の姿を友愛のしるしとして、人びとが真の友情の尊さを忘れないためのシンボルとして、星空にあらわしました。
なお、黄道に近いカストルとポルックスの近くには、明るい惑星がやってきて、仲よし三兄弟のように見えることもあります。

▲ふたご座の仲良し兄弟

おおいぬ座（大犬）
Canis Major（略符 CMa）

概略位置　：赤経6h47m 赤緯-22°
20時南中　：2月26日
南中高度　：33°
肉眼星数　：56個（5.5等星まで）
面積　　　：380平方度（順位43）
設定者　　：プトレマイオス

真冬の宵のころ、南の空を見あげ、ギラギラといった印象で輝く明るい星を見つけたら、それはおおいぬ座のシリウスと思って、まずまちがいはありません。シリウスの明るさはマイナス1.5等星で、星座を形づくる恒星の中では全天第一の明るさのものです。その輝きは都会の夜空でさえはっきりそれとわかるほどのみごとさです。

◀おおいぬ座　マイナス1.5等星の全天一の輝星シリウスが大犬の口もとで輝いています。昔のギリシャでは、昼間の空に太陽とシリウスがならんで輝くと暑い夏がやってくるとされていました。

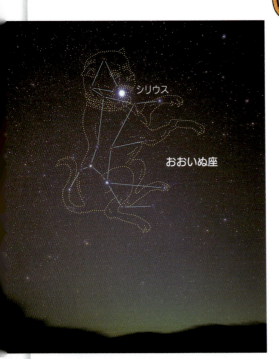

▲南の空にかかるおおいぬ座　とりあえずシリウスだけ見て、大きな犬をイメージしてかまわないほどシリウスの輝きは目をひいています。

▲おおいぬ座の動き　真南の空を東（画面では左）から西へと日周運動で動いていく、おおいぬ座の星ぼしの光跡をとらえてみたものです。

▲**東の空に昇る冬の大三角** 上流から肥沃な土をもたらすナイル川の洪水の季節の到来は、古代のエジプトでは日の出直前に東の空に姿をあらわすシリウスの輝きを見て知ったといわれます。これは真冬の1月中旬の宵のころ、東の空に昇る冬の大三角のようすです。

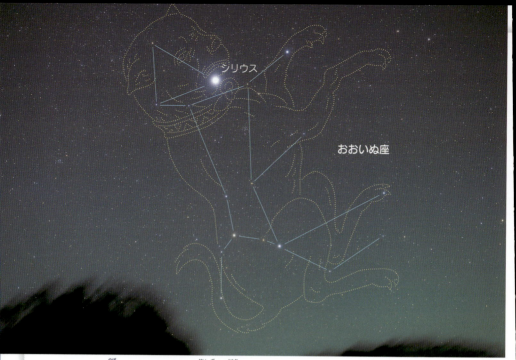

▲南東の空へ昇ったおおいぬ座 星座の傾きは昇るときとしずむときで大きくかわります。これは南東の空に立つおおいぬ座の姿で、72ページの南のおおいぬ座と、次のページの西へしずむおおいぬ座の傾きを見くらべてみると、興味深いことでしょう。なお、シリウスのよび名は、ギリシャ語のセイリオス（焼きこがすもの）からきているものです。

◀シリウスと散開星団M41 全天一明るいシリウスが、マイナス1.5等のすばらしい明るさで見えるのは、シリウスが宇宙で一番明るい星だからというわけではなく、肉眼で見える星としては私たちから8.6光年という、北半球の空では一番の近さにある星だからです。中国では、このシリウスの鋭い輝きは、狼の目のようだというので"狼"とか"天狼"とよんでいました。そのシリウスに双眼鏡を向けると、すぐ南にM41という明るい散開星団が見えてきますので、これにも注目してみましょう。

▲西へしずむおおいぬ座の姿 この大きな犬の正体ははっきりしていませんが、近くにある狩人オリオン座に関連づけられ、ギリシャの詩人ホメロスの大作『イリアス』の中では「沢山の星の間で、ことさら目立つ光芒を暗闇に照り輝かせ、人びとからオリオンの犬とよばれ……」とおおいぬ座のシリウスのことが語られています。シリウスだけを犬の星と見ていたわけです。

おおいぬ座の立体視

平行法で左右の星図をじっと見ていると、まん中に星の遠近感のわかる画面が見えてきて、その中で8.6光年の近さにあるシリウスだけが、とくに大きく浮かびあがって見えるのがわかります。

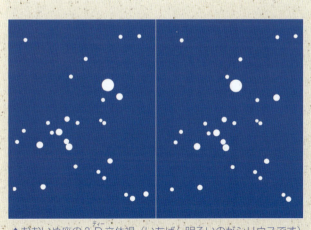

▲おおいぬ座の３Ｄ立体視（いちばん明るいのがシリウスです）

こいぬ座(小犬)
Canis Minor (略符 CMi)

概略位置　：赤経7h36m 赤緯+7°
20時南中　：3月11日
南中高度　：61°
肉眼星数　：13個（5.5等星まで）
面積　　　：183平方度（順位71）
設定者　　：プトレマイオス

夜空の明るい町の中では全く見られませんが、冬の淡い天の川の流れが、オリオン座の東側よりから、おおいぬ座のシリウスの東よりをかすめて、清流のように静かに南の地平線へと流れ下っていくのが見られます。その冬の天の川の東岸に輝く明るい1等星がこいぬ座プロキオンで、すぐ近くの3等星ベータと結んで、小さなこいぬ座を形づくっています。

このほかに目をひく星もありませんが、冬の夜空にオリオン座のベテルギウスとおおいぬ座のシリウス、それに、プロキオンを結んでできる「冬の大三角」を形づくる、なくてはならない星座なのです。

▲**プロキオン**　明るさは0.4等星、距離は11.4光年ですから、1等星としては、おおいぬ座のシリウスに次ぐ二番目の近さにある星です。

◀**こいぬ座とおおいぬ座付近**　ともに狩人オリオンがつれている猟犬とも見られていますが、ギリシャ神話では狩人アクタイオンがつれ歩いていた、猟犬のうちの一匹とも伝えられています。猟犬たちの主人のアクタイオンは、女神アルテミスの裸身を森の泉で見て、鹿の姿に変えられてしまいました。突然、目の前にあらわれた鹿に、驚いた猟犬たちは、彼をかみ殺してしまったといわれます。

▲**犬の先駆けプロキオン**　意味は、「犬の先駆け」で、おおいぬ座のシリウスより早く、東の空に昇るところからきているものです。73ページのようにシリウスが明け方の空に昇るのを見て、ナイル川の洪水の季節の到来を知った古代エジプト人にとって、プロキオンはシリウスのあらわれるのを事前に教えてくれる先ぶれの星として大切だったのです。

いっかくじゅう座
（一角獣）
Monoceros（略符 Mon）

概略位置　：赤経7h01m 赤緯+1°
20時南中　：3月3日
南中高度　：55°
肉眼星数　：36個（5.5等星まで）
面積　　　：482平方度（順位35）
設定者　　：バルチウス

冬の大三角のちょうど中ほどを、ななめに流れ下る冬の天の川は、とても淡いものなので、町の中の明るい夜空では残念ながら全く見られませんが、このおだやかな清流のような天の川の中に身をひそめているのが、ひたいに一本の長いツノをはやした、一角獣の姿をあらわしたいっかくじゅう座です。冬の大三角の中ほどにあって、それをはみだすほどの大きな星座ですが、目につくほどの明るい星がないため、冬の大三角に目をとめる人はあっても、幻のようないっかくじゅう座の方の存在には、気づかないという人もあんがい多いことでしょう。

▲冬の天の川と冬の大三角　明るい冬の大三角の逆正三角形は、都会の夜空でもひと目でそれとわかるほどの見事さですが、淡い冬の天の川は全く見られません。この方向は夏の明るい天の川とは逆に、銀河系円盤の外側方向にあたるため、天の川の輝きが薄く淡いのです。

▼**いっかくじゅう座** ひたいに長いツノを1本はやした想像上の動物で、馬身のように描きだされることが多く、中世には、一角獣を手に入れると、たいへんな幸運がもたらされると信じられ、さかんにさがしまわられましたが、もちろん誰もつかまえた人はありませんでした。

冬の星座を見つけよう

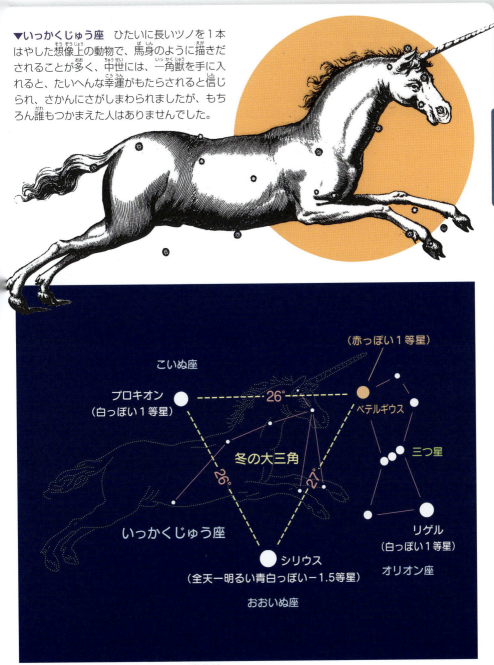

▲**いっかくじゅう座の見つけ方** 冬の大三角のちょうど中ほどに身を横たえていて、位置はとてもわかりやすいのですが、なにしろ目につくほどの明るい星がひとつもないので、都会の夜空ではもちろん、夜空の暗く澄んだ場所でさえ、簡単には見つけだしにくい星座といえます。

エリダヌス座

Eridanus (略符 Eri)

概略位置　：赤経3h15m 赤緯-29°
20時南中　：1月14日
南中高度　：25°
肉眼星数　：79個（5.5等星まで）
面積　　　：1138平方度（順位6）
設定者　　：プトレマイオス

エリダヌス座などという耳なれない星座の名前を聞かされても、にわかにはイメージできない人も多いことでしょう。

じつは、これはギリシャ神話に登場する川の神の名エリダヌスからきているもので、エリダヌス座は、天上を流れる大河の星座というわけです。

この長大なエリダヌス川は、オリオン座の足下の1等星リゲルのすぐ近くに源を発し、蛇行をくりかえしながら、川の南の果ての1等星アケルナルまではるばる流れ下っていきますが、九州中部以南の地でないと全景は見られません。

▲グロティウス古星図のエリダヌス座　川の神エリダヌスの姿であらわされています。

▲ファエトンの墜落　日輪の馬車を父親の日の神から無理にかりだしたファエトン少年は、馬車を操りそこねて、エリダヌス川に落ちていってしまいました。馬たちが驚き暴れたのは、黄道に近いさそり座が、近づいた日輪の馬車の熱さでうごめきだしたためともいわれます。

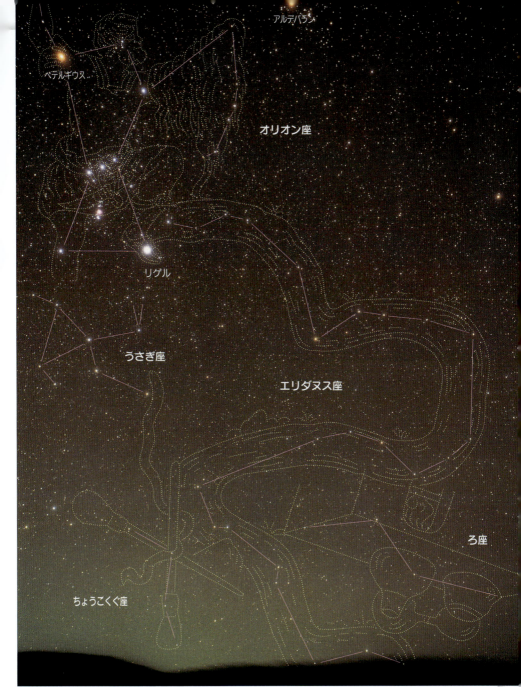

▲**エリダヌス座** 真冬の宵の南の空で小さな星を延々とつらねて、南下するエリダヌス川の流れには感心させられるばかりですが、大部分の地方は、南の地平線で川の流れがとぎれてしまいます。しかし、実際には83ページのように南天まで延々と流れは続いています。

ろ座（炉）
Fornax（略符 For）

概略位置　：赤経2h46m 赤緯-32°
20時南中：12月23日
南中高度　：23°
肉眼星数　：12個（5.5等星まで）
面積　　　：398平方度（順位41）
設定者　　：ラカイユ

　"ろ"と書いただけでは何のことかわかりませんが、これは燃えさかる化学実験用の"炉"のことで、18世紀のフランスの天文学者ラカイユが、エリダヌス座の蛇行する部分に食いこむようにして設定した新星座です。南に低く、しかも4等星より暗い星ばかりなので、ここに化学実験炉の姿をイメージして、思い浮かべるのは実際のところ無理といえましょう。

▲古星図にある"ろ座"

▲ウラノグラフィア古星図の南天部分　18世紀のフランスの天文学者ラカイユは、南アフリカで南天の星を観測、14の新しい星座を設定しました。化学炉など、当時のハイテク機器をあらわした星座でしたが、現在ではあまりに古くさく、人気のない星座ばかりとなっています。

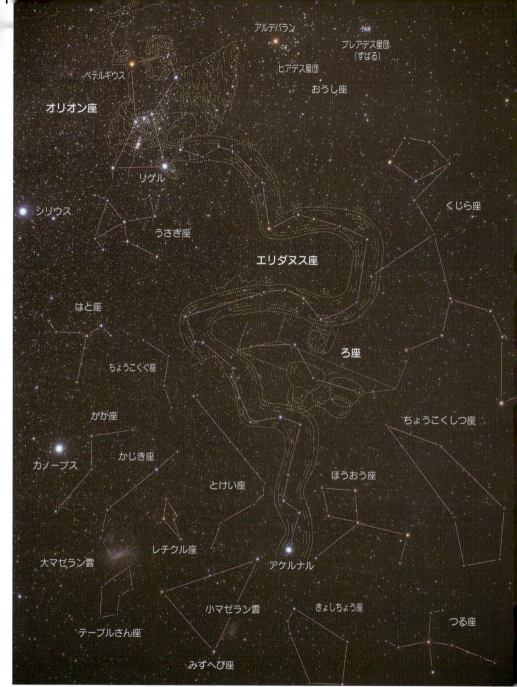

▲**エリダヌス座の全景とろ座など** 単に"炉"という名で発表されたものですが、星座名としては"化学実験炉"とよばれました。逆さまの炉のように描かれているのでますますイメージしにくいのですが、南半球の夜空では北半球とは逆さまに見えるのでこれでよいわけです。

うさぎ座(兔)
Lepus (略符 Lep)

概略位置　：赤経5h31m　赤緯-19°
20時南中：2月6日
南中高度　：35°
肉眼星数　：28個（5.5等星まで）
面積　　　：290平方度（順位51）
設定者　　：プトレマイオス

狩人オリオン座の足下にうずくまり、猟犬おおいぬ座に追われる兎の姿は、小さいながら意外によく目につき、3等星と4等星ばかりでこれといって明るい星があるわけでもないのに、オリオン座からたどれば、町の中でもあんがい簡単に見つけられることでしょう。

▼うさぎ座

▲うさぎ座　紀元前3世紀ごろの星座を歌ったアラトスの天文詩の中でも「オリオンの足下を逃げまわり、大犬シリウスに追われる兎……」と詩われているように、オリオン座のすぐ南よりで、おおいぬ座のシリウスの西側よりと見当づければ、うさぎ座の位置はすぐつかめます。

▶**失われてしまった星座** 1781年オーストリアのウィーンの天文台長だったヘル神父は、イギリスの熱心な天文ファンで、天王星の発見者ハーシェルのスポンサーでもあったジョージⅢ世を記念して、「ジョージの琴座」をおうし座とエリダヌス座の間にわりこませましたが、今では使われていません。古星図にはしばしば、今は使われていない星座の姿が描かれていることがあります。

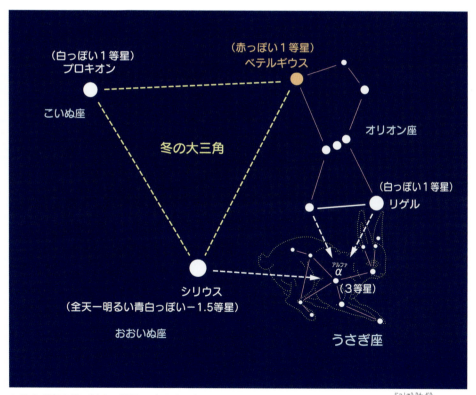

▲**うさぎ座の見つけ方** 明るいオリオン座の1等星リゲルのすぐ南(下側)で、おおいぬ座のシリウスの西側(右手より)にあるので、大犬に追われるようにジャンプしながら日周運動で西へ西へと逃げていくようすをイメージしながら見るようにすると、興味深くながめられます。

はと座(鳩)
Columba (略符 Col)

概略位置：赤経5h45m 赤緯-35°
20時南中：2月10日
南中高度：20°
肉眼星数：24個（5.5等星まで）
面積：270平方度（順位54）
設定者：ロワイエ(プランシウス)

冬の星空は大気が低空まで澄みわたってくれていますので、南の地平低い星座の輝きもそこなわれずに見ることができるのがうれしいところです。つまり、うさぎ座のさらに南に低い、はと座の姿も意外に見つけやすく、視界の開けた場所で注目してみてほしいものです。

▲オリーブの葉をくわえたはと座

▲アルゴ船座と鳩の星座　はじめは「ノアのはと座」と名づけられていたように、これは有名な旧約聖書の創世記に出てくるノアの方舟から放たれたあの鳩の星座です。これははと座の東に浮かぶ巨大なアルゴ船の星座を、ノアの方舟に見たてたところからきているものです。

▲はと座　地平低く天上にさしかけたこうもり傘といったイメージで、南の地平線上にかかる姿は見なれてしまえばすぐわかるようになります。オリーブの葉をくわえて飛ぶ鳩の姿は、東京付近での緯度の場合、南に昇りつめたときでおよそ20度くらいの高さといったところです。

とも座(船尾)
Puppis (略符 Pup)

概略位置　：赤経7h14m　赤緯-31°
20時南中　：3月13日
南中高度　：24°
肉眼星数　：93個（5.5等星まで）
面積　　　：673平方度（順位20）
設定者　　：ラカイユ

冬から早春の宵のころ、南の地平線上に「アルゴ船座」とよばれる、巨大な船の星座が浮かんでいます。しかし、あまりに巨大なため、ギリシャ時代の昔から、船の各部分を四つの星座にわけて見るのが習慣になっていて、とも座はその"船尾"の部分をあらわす星座となっています。

▲アルゴ船の遠征隊

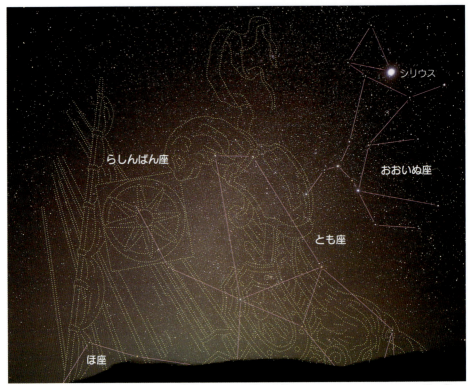

▲とも座　これは"船尾座"のことで、昔風の高い船尾をもつ巨大な船、つまり、アルゴ船の船尾を思い浮かべてもらえばよいわけです。全天一の輝星シリウスのすぐ東側の、冬の天の川の中にある星座なので、位置は見当づけやすいのですが、目をひく星はありません。

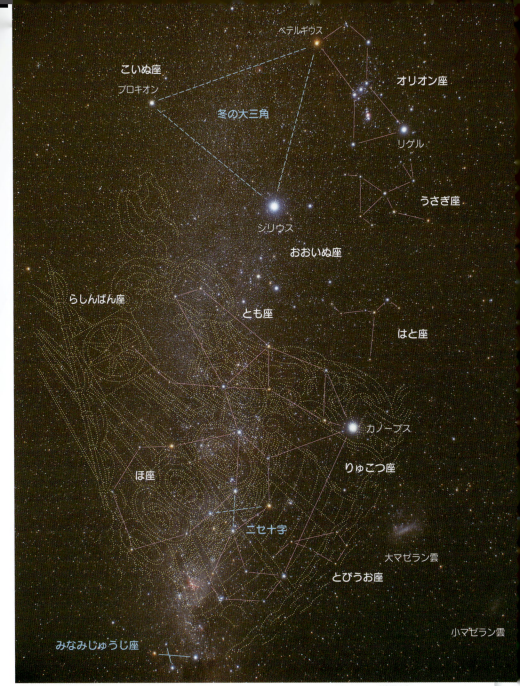

▲**アルゴ船座の全景** アルゴ船座という星座名はなく、とも(船尾)座、りゅうこつ(竜骨)座、ほ(帆)座、らしんばん(羅針盤)座の四つに分割されていますが、実際には、南半球でアルゴ船の姿として見てみたい星座といえます。"アルゴ"とは"速い"という意味の名です。

りゅうこつ座（竜骨）
Carina（略符 Car）

概略位置	赤経8h40m 赤緯-63°
20時南中	3月28日
南中高度	-8°
肉眼星数	77個（5.5等星まで）
面積	494平方度（順位34）
設定者	ラカイユ

巨大なアルゴ船座の骨格となる部分の星座ですが、りゅうこつ（竜骨）座だけながめてもその形がつかみにくく、しかも興味深いりゅうこつ座エータ星雲などの天体たちは、地平線下で見ることができません。そこで日本での話題は、見ることができれば健康で長寿にあやかれるという、地平線上の南極老人星カノープスに集中することになります。

▲新星座絵図のアルゴ船座

▲**カノープスの見つけ方** 東北地方の中部から北よりでは、南の地平線上に昇らないので見ることができません。見つけるにはおおいぬ座のシリウスなどの、明るい星から上のようにたどるのがよいといえます。

▲**カノープス** 地平線上低いので暗く赤っぽくしか見えませんが、頭上高く昇る南半球では全天2位のマイナス0.7等の白い星として見えます。

▲**地平低く赤いカノープス** 見える限界に近い福島県から見たようすで、地平低いため、実際よりかなり暗めに見え、しかも赤みがかって見えています。東京や大阪あたりの緯度では南の地平線上2〜3度くらいの高さに見え、南の地方ほど高く本来の明るい星として見えてきます。

ほ座(帆)
Vela (略符 Vel)

概略位置：赤経9h43m 赤緯-47°
20時南中：4月10日
南中高度：8°
肉眼星数：76個（5.5等星まで）
面積　　：499平方度（順位32）
設定者　：ラカイユ

大きすぎるアルゴ船座は、大昔から船の各部分にわけた星座として見るのが習慣でしたが、正式に四分割の星座として星表にのせたのは、18世紀のフランスの天文学者ラカイユで、彼は"ほばしら(帆柱)座"を小さくして「ほ(帆)座」としました。

▲アルゴ船座　南の地平線上に見える巨大な船の星座ですが、現在は分割された各部分の星座名となっており、「アルゴ船座」はありません。しかし、巨大な船が南の地平線上を日周運動で東から西へすべるように動いていくようすを、イメージして見た方が迫力があるといえます。

らしんばん座
(羅針盤)
Pyxis (略符 Pyx)

概略位置　：赤経8h56m 赤緯-27°
20時南中　：3月31日
南中高度　：28°
肉眼星数　：12個（5.5等星まで）
面積　　　：221平方度（順位65）
設定者　　：ラカイユ

かつての巨大なアルゴ船座には"ほばしら(帆柱)座"というのがありましたが、18世紀に正式に四分割の星座としたフランスの天文学者ラカイユは、これを廃止、新しい航海機器の「らしんばん(羅針盤)座」をわりこませてしまいました。

冬の星座を見つけよう

▲**南天の星座**　日本では、冬から早春にかけての宵のころ南の地平線上にその一部分を見ることのできる巨大なアルゴ船ですが、オーストラリアなど、南半球の夜空では頭上高く、その全景を見ることができます。一度は南半球の天の川に浮かぶ巨船の姿を目にしてほしいものです。

春の星座を見つけよう

桜前線の北上につれ、春がすみにうるんだような星空の見え方となりますが、心地よい春風の中で星座ウォッチングが楽しめる、うれしい季節の到来です。

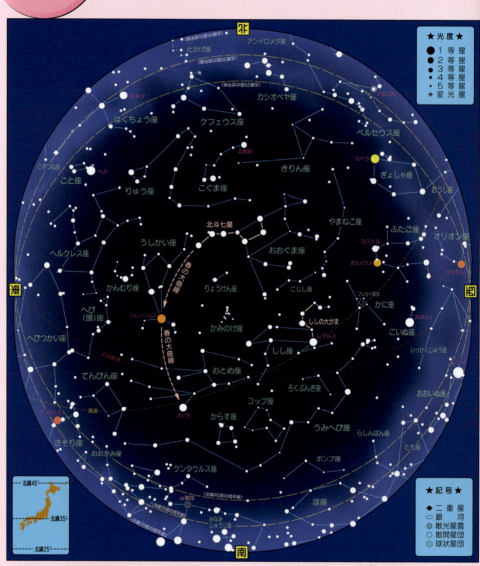

▲**春の星空** 星座全体のようすで、円の中心が頭の真上"天頂"にあたります。緯度別の星空の見える範囲のちがいも示してあります。

▶**春の星座たち** 春の宵のころ南の空に見える星座たちの絵姿をあらわしたもので、りょうけん座のあたりが頭の真上になります。

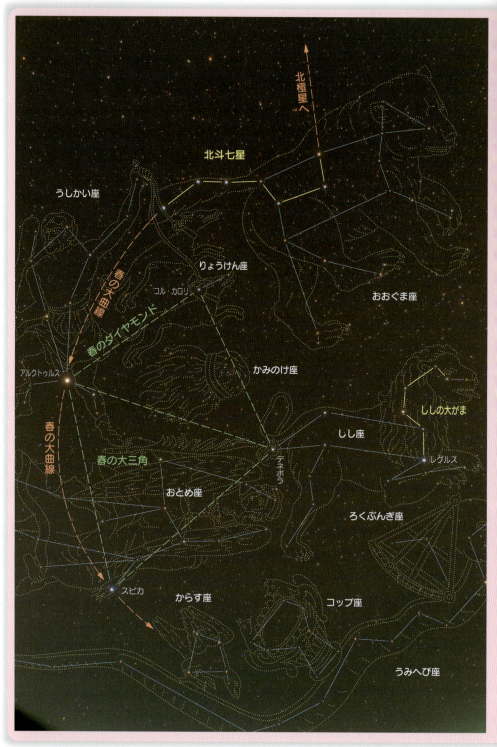

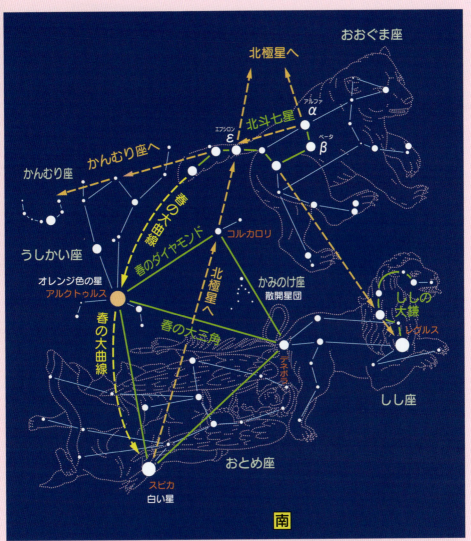

◀春の星座 春の宵のころ、西の空へ大きく傾いた名ごりの冬の星座たちほどの華やかさはありませんが、春の夜空にはひと目でわかる個性的な星のならびや明るい星があります。その第一は北の空高く昇った"北斗七星"の水をくむひしゃくのような形で、第二はしし座の頭部を形づくる"ししの大鎌"です。明るい星では頭上に輝くオレンジ色のアルクトゥルスと、南の空の白色のスピカの2個の1等星です。

▲春の星座の見つけ方 星空全体を大きく見わたして、北の空高く昇った北斗七星を見つけだし、そのひしゃくの柄のようなカーブをその曲がりにそってそのまま南へ延長していきます。すると、オレンジ色の1等星アルクトゥルスにいきあたり、さらに、そのカーブを南の空まで延長していくと、白色の1等星スピカに届きます。北斗七星からたどるこの大きなカーブが、春の星座さがしの目じるしの"春の大曲線"です。

北の星空

星空の見える時刻
1月上旬：午前5時ごろ
1月下旬：午前4時ごろ
2月上旬：午前3時ごろ
2月下旬：午前2時ごろ
3月上旬：午前1時ごろ
3月下旬：午前0時ごろ
4月上旬：午後11時ごろ
4月下旬：午後10時ごろ
5月上旬：午後9時ごろ
5月下旬：午後8時ごろ

▲北の空高く昇った北斗七星は、真北の目じるし北極星を見つけるのに役立ってくれる北斗七星が、北の空高く昇ってきているころです。北斗七星は意外に大きな星のならびなので、スケール感をまちがえないようにして見つけるようにしてください。

▲北東の地平線上に姿を見せた七夕の織女星ベガ 宵のころ北東の地平線低く明るい星が姿を見せはじめています。七夕の織女星としておなじみのこと座のベガです。早くも夏の星たちが姿を見せようとしていることで、夜半近くになると夏の大三角形も顔を出してきます。

南の星空

▲目をひく"春の大曲線" 北の空の北斗七星の弓なりにそりかえった柄のカーブをそのまま南に延長していくと、うしかい座のオレンジ色の1等星アルクトゥルスを通って、南の空で白色に輝くおとめ座の1等星スピカに届きます。この"春の大曲線"が描けます。春の星座さがしの目印です。

▲頭上高く吠え声も勇ましいしし座と長々と横たわるうみへび座 空高くオリオンの星座らしし座が堂々と胸をはり、吠え声も勇ましく見えています。その南には天一東西に長いうみへび座が横たわり、その全身を見るのにちょうどよいころとなっています。

南の空も勇ましいしし座と長々と横たわるうみへび座が天一東西に長いうみへび座が横たわり、その全身を見るのにちょうどよいころとなっています。

春の星座を見つけよう

東の星空

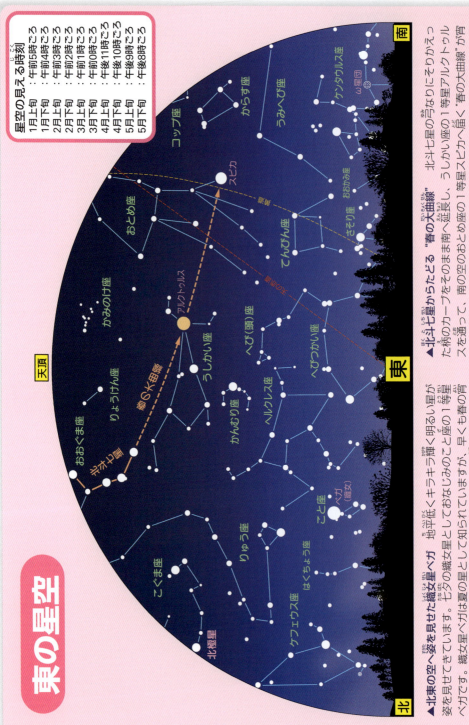

星空の見える時刻
- 1月上旬：午前5時ごろ
- 1月下旬：午前4時ごろ
- 2月上旬：午前3時ごろ
- 2月下旬：午前2時ごろ
- 3月上旬：午前1時ごろ
- 3月下旬：午前0時ごろ
- 4月上旬：午後11時ごろ
- 4月下旬：午後10時ごろ
- 5月上旬：午後9時ごろ
- 5月下旬：午後8時ごろ

▲北東の空へ姿を見せた織女星ベガが地平低くキラキラ輝く明るい星が姿を見せてきています。七夕の織女星としておなじみのこと座の1等星ベガです。織女星ベガは夏の星として知られていますが、早くも春の宵のころには北東の空に姿を見せ、夜ふけにはもう空高く昇ってきます。

▲北斗七星からたどる"春の大曲線" 北斗七星の弓なりにそりかえった柄のカーブをそのまま南へ延長し、うしかい座の1等星アルクトゥルスを通って、南の空のおとめ座の1等星スピカへ届く"春の大曲線"が宵のころには、まだ東の空へ横たわって見えています。

西の星空

▲春の悪役星座たちのそろいぶみ　英雄ヘルクレスに退治されてしまった悪役三星座、かに座、しし座、うみへび座たちは、春の初めに登場する星座たちなので、春の夜ふけになると早くも西の空へと傾きはじめます。その中で目をひくのは、しし座の１等星レグルスと"しし座の大鎌"です。

▲西へ姿を消していくなごりの冬の星座たち　冬の日暮れどきには、なごりの星座たちが見えていますが、早い時刻のうちに西の地平線へとつぎつぎに姿を消していきます。ふたご座やぎょしゃ座の五角形が西の地平線へ立つようなかっこうで見えている姿にも注目してください。

春の星座を見つけよう

おおぐま座(大熊)
Ursa Major (略符 UMa)

概略位置：赤経11h16m 赤緯+51°
20時南中：5月3日
南中高度：北74°
肉眼星数：71個（5.5等星まで）
面積　　：1280平方度（順位3）
設定者　：プトレマイオス

北の空をめぐるおおぐま座は、その名のとおり大きなひろがりのある星座です。しかし、目につくのは明るい7個の星が水をくむ"ひしゃく"か、料理のときに使う"フライパン"のような形にならんでいる「北斗七星」の部分だけです。ただし、有名な北斗七星は、中国や日本でのよび名で、星座名というわけではありません。

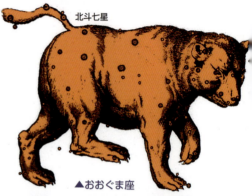

▲おおぐま座（北斗七星）

▲北斗七星　春の宵のころ、北の空高くかかる北斗七星は、中ほどの星が3等星とやや暗めですが、あとはみな2等星の明るい星のならびなので町の中でもよくわかります。ただ、あんがい大きいものなのでスケール感を小さくしてながめると、とらえにくいことがあります。

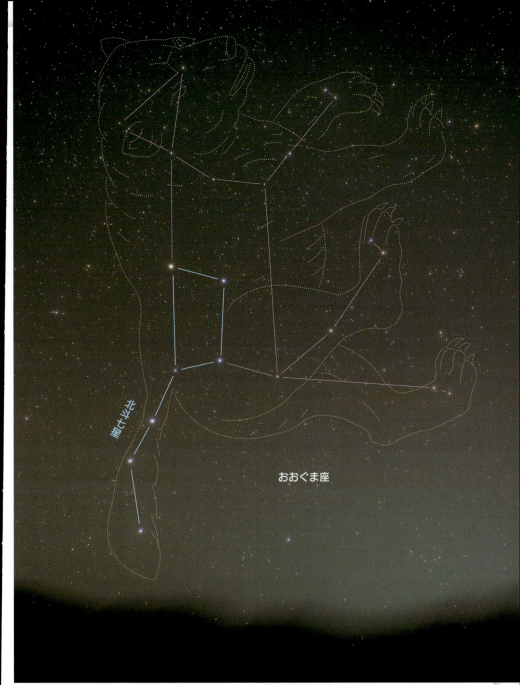

▲**北東の空に昇るおおぐま座** 冬の宵のころ、北東の空に姿を見せた北斗七星は、まっすぐ立ち上るようなかっこうで昇りはじめます。北斗七星は大熊のしっぽと胴体の一部を形づくる星のならびで、おおぐま座はさらに広く周辺の小さな星たちをひろい集めて描きだされます。

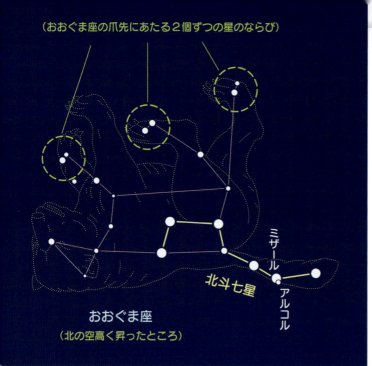

（おおぐま座の爪先にあたる2個ずつの星のならび）

北斗七星

ミザール
アルコル

おおぐま座
（北の空高く昇ったところ）

◀おおぐま座の見つけ方

春の宵の北の空高く昇ったおおぐま座は、逆さまのかっこうで見えていますので、なれないうちは全景をつかむのに手間どることがあるかもしれません。とくに町の中では北斗七星以外の星が淡くて見つけにくいので、それもしかたないといえます。目じるしは熊の足先にある2個ずつの三対の星のならびで、これと北斗七星を結びつけてみると、大きな熊の姿がふっと星空に浮かびあがってきて驚かされることでしょう。

肉眼二重星
ミザールとアルコル

北斗七星では、柄の先端のミザールに注目してください。ふつうの視力の人ならすぐそばに、4等星の小さなアルコルがくっついているのがわかります。昔のアラビアでは兵士の視力検査に使われた星ですから、目だめしにチャレンジしてみてください。

ミザール
アルコル

▲ミザールとアルコル

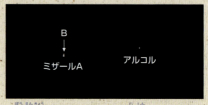

B
ミザールA   アルコル

▲望遠鏡で見るとミザール自身も二重星です

▲**おおぐま座とこぐま座** 北斗七星によく似た星のならびのこぐま座は、小びしゃくともよばれていますが、昔は北斗七星の大びしゃくだけで熊の姿と見られていましたから、大びしゃくと小びしゃくだけで母子の熊をイメージしてもよいでしょう。とくに町の中では、淡い星が見えず、それもやむをえません。北斗七星からは、真北の目じるし北極星が、見つけられる点が重要ですがこの時季、もうひとつの目じるしのカシオペヤ座のW字は低く下がっています。

◀低く下がった北斗七星
北斗七星は、北極星のまわりをめぐってほとんどいつでもお目にかかれるものですが、秋の宵のころは北の地平線低く下がってお目にかかりにくくなっています。その北斗七星の形は、世界中でさまざまなものに見たてられていました。日本ではもちろん水をくむ"ひしゃく"で、中国では酒をはかる"ます"でした。

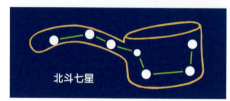

▲ソース・パン（フランス）

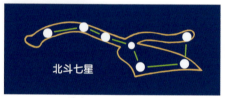

▲農具のすき（イギリス）

▲北斗は帝車　中国の後漢時代に描かれた壁画の北斗七星は、雲の上の帝車に見たてられ、北斗星君が乗り、まわりには大臣や高官の星たちがつきしたがっています。同じような見方で北欧では大神オーディンの車、イギリスではチャールズ王の車などともされていました。

★星座物語

おおぐま座

★熊にされたカリスト
おおぐま座になっている大熊は、もともとは月と狩りの女神アルテミスにつかえる、美しいニンフ（森や泉に住む精）カリストだったとされています。

あるとき、知らぬまに大神ゼウスの愛を受けたカリストは、玉のような男の子アルカスをうみました。

嫉妬した女神アルテミスは、カリストに呪いのことばをあびせかけました。するとどうでしょう。カリストの全身にはみるみる毛がはえ、美しい声もただ「ウォーッ」とさけぶ熊のほえ声にかわってしまったのでした。こうなっては、カリストはもう森の奥深く逃げこんで、一人で暮らさなくてはなりませんでした。

★母子の出会い
やがて、15年もの歳月がすぎるとアルカスは、りっぱな狩人に成長していました。そして、あるとき、いつもどおりに森の中で狩りをしていると、すばらしい大熊に出あったのでした。

じつは、この大熊こそ母親カリストのかわりはてた姿で、大熊はなつかしいわが子の姿に思わず走りよりました。

★母子の星座に
しかし、アルカスには大きな熊がおそいかかってくるようにしか見えません。自慢の弓に急いで矢をつがえると、大熊にねらいをさだめ射ようとしました。

大神ゼウスは、二人の運命をあわれみ、つむじ風をおくって天に上げ、母子を大熊と小熊の星座にしたといわれます。

熊のしっぽが長いのは、大神ゼウスがしっぽをつかんで、天に放り投げたからだともいわれています。

春の星座を見つけよう

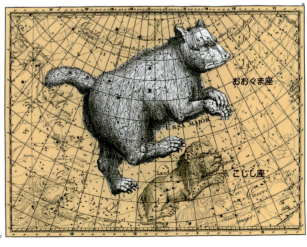

▶おおぐま座　ドイツの天文学者ボーテが1801年に刊行した星図書『ウラノグラフィア』に描かれているもので、おおぐま座の足もとにうずくまるのはこじし座です。ボーテはその生涯に数種類の星図書を発表しています。

こぐま座(小熊)

Ursa Minor (略符 UMi)

概略位置 ：赤経15h40m 赤緯+78°
20時南中 ：7月13日
南中高度 ：北48°
肉眼星数 ：18個（5.5等星まで）
面積　　 ：256平方度（順位56）
設定者　 ：プトレマイオス

いつ見あげても、どこで見あげても真北の空にじっと輝いている明るい2等星が"北極星"です。こぐま座は、天の北極に貼りつくようにして輝き、この北極星からおおぐま座の北斗七星をそっくりそのまま小さくしたような、小びしゃくの形で描きだす小さな熊の星座です。

▲こぐま座

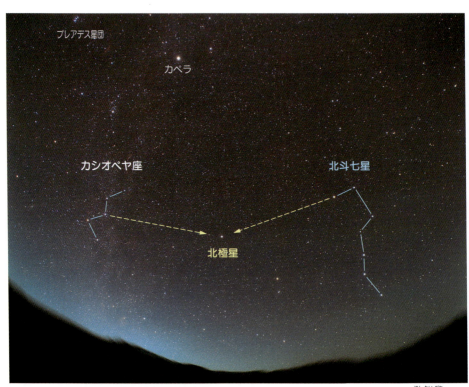

▲カシオペヤ座と北斗七星　真北の目じるし北極星を見つけたり、確認したりするのに役立つカシオペヤ座のW字形とおおぐま座の北斗七星は、いつも北極星をはさんで、その反対側に見えています。つまり、一方が見にくくなっていても、もう一方が見やすくなっているわけです。

▶**北極星の見つけ方** 北斗七星の先端のアルファ星とベータ星を結び、その間隔をおよそ5倍たどると北極星にとどきます。一方のカシオペア座からのたどり方はちょっと複雑そうですが、なれてしまえば簡単で北極星がすぐ見つけだせます。北極星は2等星と明るく、北の空では目をひきすぐそれとわかる星ですが、それでもカシオペア座のW字と北斗七星を使って確認するのもおすすめです。

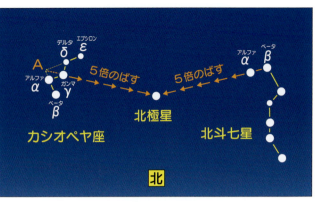

▲北極星の見つけ方

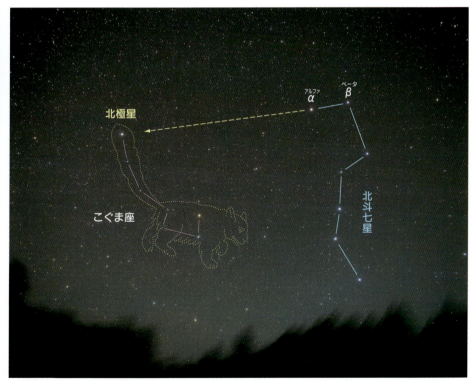

▲**真北の目じるしと北極星の見つけ方** 冬の宵のころの北極星と北斗七星はこんなかっこうで見えています。北斗七星が北極星のまわりをめぐり、見える位置や傾きをかえても、北斗七星の先端のアルファ星とベータ星を結んで、5倍延長するやり方は少しもかわりません。

◀北極星 距離433光年のところで輝く北極星は、太陽の直径の80倍もある大きな星というのがその実態です。太陽に似て表面温度はおよそ6000度なので、淡い黄色味をおびた星として見えていますが、ごくわずかに明るさを変える、ケフェウス座のデルタ星型の変光星でもあります。望遠鏡で見ると、9等星の小さな伴星がくっついているのがわかり、この小さな星はなんと9万年がかりで北極星をめぐっているといわれます。さらに目ではわかりませんが明るい北極星自身が太陽の直径の2倍くらいの星と、30年周期でめぐりあう連星というのですから、北極星の実態は三重星系というややこしい星ということになります。

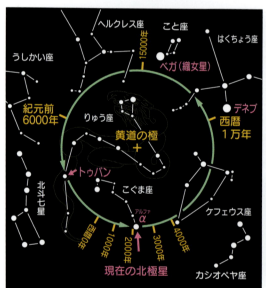

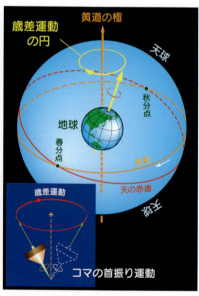

▲移り変わる北極星役 地球の南北をつらぬく地軸は、月と太陽の引力にゆすぶられ、いきおいのおとろえたコマの心棒のように、2万6000年の周期で円を描くようにゆっくりまわっています。この首ふり運動のため地軸のさす方向が変わり、上の図のように北極星の役割をになう星は、少しずつ移り変わっていくことになります。この現象を「歳差」といい、現在はこぐま座のアルファ星が北極星をはたしてくれていますが、遠い将来には七夕の織女星ベガなどが、北極星役をつとめてくれることになります。天の南極の場合は261ページに解説があります。

▲**星の日周運動** 北の空に輝く星ぼしは、天の北極を中心に時計の針とは逆まわりに、日周運動で動いていきます。現在の北極星は、天の北極から0.8度ばかりはなれているので、ごく小さいながら天の北極のまわりに円を描いてまわっています。でも、実際上は北極星を中心に星ぼしがめぐっているとしてさしつかえはありません。その北極星の見えている高度は、見ている場所の緯度と同じで、北緯35度なら北の地平線から35度の高さに見えています。

▲**天の北極をめぐる北極星**

やまねこ座（山猫）

Lynx（略符 Lyn）

概略位置　：赤経7h56m 赤緯+47°
20時南中　：3月16日
南中高度　：北79°
肉眼星数　：31個（5.5等星まで）
面積　　　：545平方度（順位28）
設定者　　：ヘベリウス

　春の宵の北の空高く、北斗七星とふたご座のカストルとポルックスとの間が、妙にがらんと開いているのが気になることでしょう。じつは、そのあたりにやまねこ座があるのですが、設定者のヘベリウス自身「山猫の姿をここに見つけるには、山猫のような鋭い目をもっていなければならない……」などといっているくらいですから、簡単には見つかりません。

▲ヘベリウス星図のやまねこ座

▲やまねこ座の見つけ方　山猫の頭は、北斗七星とぎょしゃ座の1等星カペラの中間あたり、後ろ足は、北斗七星としし座の1等星レグルス、それにふたご座のカストルとポルックスを結んでつくる大きな三角形の中間あたりと見当づけますが、4等星以下の暗い星ばかりの星座です。

▲**西へ傾いたやまねこ座** 設定者のヘベリウスのこの星座の原名が「山猫または虎座」という、少々いいかげんなものですから、北の空の広い領域にひそむやまねこ座の姿が見つけられなくてもしかたないといえます。町の中では山猫の目をもってしても見つけられそうもない星座です。

かに座(蟹)
Cancer (略符 Cnc)

概略位置：赤経8h36m 赤緯+20°
20時南中：3月26日
南中高度：75°
肉眼星数：23個（5.5等星まで）
面積：506平方度（順位31）
設定者：プトレマイオス

春の宵の頭上高く、ふたご座のカストルとポルックスの兄弟星と、しし座の1等星レグルスを結んだ中間のあたりに、なにやらはっきりしないぼんやりした光芒が見えているのがわかります。かに座の甲羅にあるプレセペ星団で、この部分がお化けがにの中心にあたります。

▼ざりがに風に描かれたかに座

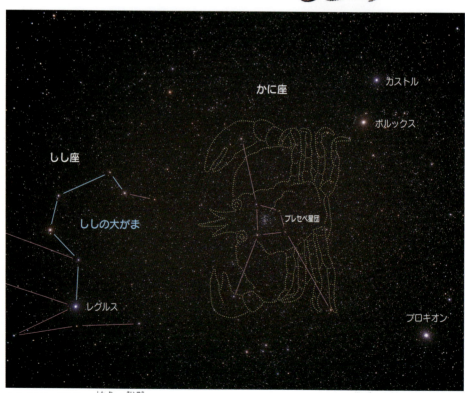

▲かに座　ギリシャ神話の英雄ヘルクレスが、うみへび座の大蛇ヒドラと闘ったとき、悪役ヒドラに加勢して、たちまち踏みつぶされてしまったお化けガニが、この星座の正体です。月のない暗夜なら甲羅にあるプレセペ星団のぼんやりした光芒がわかりますので、注目してください。

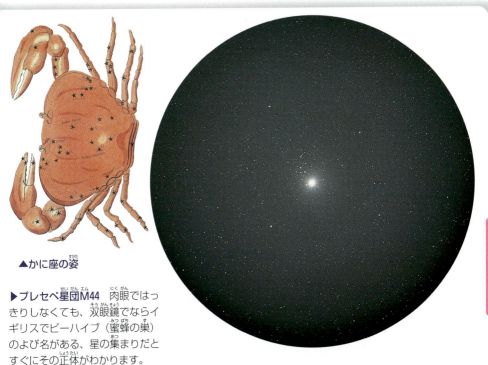

▲かに座の姿

▶プレセペ星団M44 肉眼ではっきりしなくても、双眼鏡でならイギリスでビーハイブ（蜜蜂の巣）のよび名がある、星の集まりだとすぐにその正体がわかります。

春の星座を見つけよう

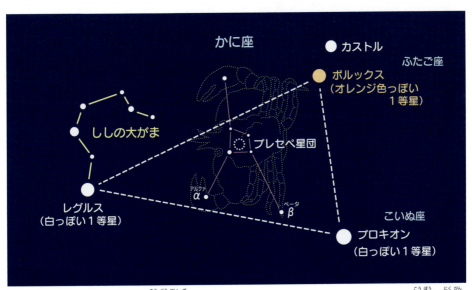

▲かに座の見つけ方 かに座は黄道星座なので、右上の写真のようにプレセペ星団の近くに明るい惑星がやってきて見つけやすくなることがあります。町の中ではプレセペ星団の光芒は肉眼では見つけにくいといえます。かに座は6月21日から7月20日生まれの人の誕生星座です。

しし座(獅子)

Leo (略符 Leo)

概略位置 ：赤経10h37m 赤緯+14°
20時南中：4月25日
南中高度：69°
肉眼星数：52個（5.5等星まで）
面積　　：947平方度（順位12）
設定者　：プトレマイオス

しし座は百獣の王ライオンの姿をみごとに描きだした星座ですが、ギリシャ神話に登場するこの獅子は、そんなイメージとは大ちがいで、あの英雄ヘルクレスに退治されてしまったネメアの森に住む人食いライオンというのがその正体で、意外な悪役星座なのです。

▼しし座

▲しし座　春の宵の南の空高くかかるしし座は、春の星座の中でもとくに形のととのった美しく見つけやすい星座です。とくに目につくのは頭部で1等星レグルスを含む6個の星で形づくる「？」のマークを裏返しにしたような、いわゆる"ししの大鎌"とよばれる部分です。

▶**ししの大鎌** しし座の頭部を形づくる「？」マークを裏返しにした"ししの大鎌"は、西洋で使う草刈り鎌の形にそっくりというので、こうよばれているものです。

▼**ししの大鎌** ？マークの裏返しのような頭部の形を見つけるのが、しし座の姿をたどるポイントとなります。

▶**しし座の１等星レグルス** ネメアの森の暴れライオンの心臓のところに輝く白色の1.3等星がレグルスです。このよび名は地動説でおなじみのコペルニクスによる命名で、その意味は「小さい王」です。距離79光年のところにある表面温度が太陽の２倍もある１万3000度の高温星で、直径も太陽の3.8倍と大きく、重さも太陽の５倍あります。しし座ではまずこのレグルスを見つけ、レグルスからししの大鎌とたどって、これと尾に輝く２等星デネボラを結べば、ライオンの全身像がおおまかにつかめます。しし座は７月21日から８月20日生まれの人の誕生星座です。

▲**しし座とかに座** しし座もかに座も、そしてすぐ南のうみへび座も、英雄ヘルクレスに退治されてしまった、春の悪役三星座です。このうちしし座とかに座は黄道星座です。

▲軒轅

天に昇った黄帝

しし座の頭部の「ししの大鎌」の足もとに輝く1等星レグルスから北へ小さな星をつらぬいて、長々と続く星の列を中国流の星座では「軒轅」といい、黄帝を乗せて天に昇った巨大な竜の姿をあらわしたものです。

軒轅とは、大昔の中国の天子、黄帝の名です。ある日のこと長い間、天下を治めていた黄帝のもとに長いひげをたらした竜が、ゆっくり天上からおりてくるのに気づいた黄帝は「これこそ天帝が私を召されるための使いであろう……」と、その竜に乗って天に昇ったといわれています。

★星座物語

しし座

★ネメアの森の暴れ獅子

ギリシャ神話第一の英雄ヘルクレスは、意地悪なエウリステウス王の命令で、12回ものとても危険な冒険に出かけなければなりませんでしたが、その第一回目の大冒険が、ネメアの森に住む人食い獅子退治でした。舌なめずりしながらあらわれた大獅子はヘルクレスを見つけると「ウォーッ」と世にもおそろしい吠え声をあげ、襲いかかってきました。

★はねかえる弓矢

ヘルクレスも「おー」とこれに応え、強弓をひきしぼって矢を放ち、刀でこれをふせぎましたが、弓矢も刀もまるで岩にでもあたったかのように折れてはねかえり、全くききめがありません。

「なんとこの大獅子めは、弓矢や刀では傷つけることのできない不死身だったのか……」そうさとったヘルクレスは、大獅子の首にむんずと組みつき、全身の力をこめてしめあげました。

★壺にかくれた王

これにはさすがの大獅子もたまらず、口から泡をふき息絶えてしまいました。
ヘルクレスは、大獅子の皮をはぎとると肩にかけ、意気ようよう王宮へと帰っていきました。
エウリステウス王は、お化け獅子を退治したヘルクレスの剛勇ぶりにど肝をぬかれ、壺の中にかくれて、ヘルクレスを王宮には入れず、城門の外でその獲物を役人に調べさせたといわれています。

春の星座を見つけよう

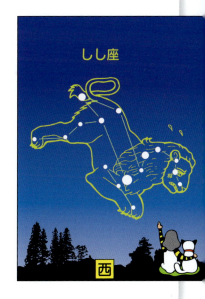

◀ ★表情の変化するしし座
しし座は東の空から昇るときは吠え声も勇ましく、駆け昇ってきます。空高く昇りつめると百獣の王らしく胸を張り、一方、西へ傾くと、ヘルクレスに退治されてしまった暴れ獅子のように、しっぽを巻いてこそこそ西の地平線へと姿を消していくように見えます。しし座はそんな表情も楽しみたい星座といえます。

こじし座（小獅子）
Leo Minor（略符 LMi）

概略位置　：赤経10h11m 赤緯+33°
20時南中　：4月22日
南中高度　：88°
肉眼星数　：15個（5.5等星まで）
面積　　　：232平方度（順位64）
設定者　　：ヘベリウス

春の宵の空高く、しし座のみごとな姿がありますが、その頭部の"ししの大鎌"の上にちょこんと乗るようなかっこうで、もうひとつ小さなライオンの星座が見えています。といっても4等星より暗い星ばかりのごく淡い星座です。

▲こじし座　この小さくてかすかな星座は、17世紀のポーランドの天文学者ヘベリウスが、しし座とおおぐま座の間の星空のあき地をうめるようにしてわりこませたもので、小さな星のならびから小獅子の姿を思いうかべるのはまず無理でしょう。

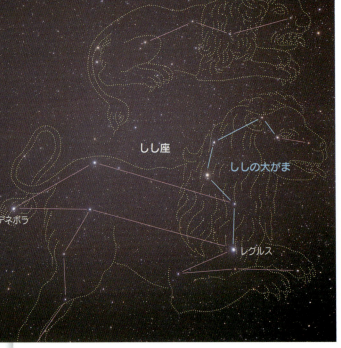

◀こじし座　しし座の頭部の"ししの大鎌"と、北斗七星のひしゃくの部分の中間あたりと見当づければ、こじし座の位置はおよそつかめます。しかし、4等星より暗い星ばかりですから、夜空の明るい町の中で、その姿を星をたどって見つけだすのはむずかしいでしょう。

ポンプ座
Antila（略符 Ant）

概略位置　：赤経10h14m 赤緯-32°
20時南中　：4月17日
南中高度　：23°
肉眼星数　：9個（5.5等星まで）
面積　　　：239平方度（順位62）
設定者　　：ラカイユ

春の宵の南の空に長々と横たわるうみへび座の南、地平線上に浮かぶアルゴ船のほ（帆）座との間にある淡い星座で、18世紀のフランスの天文学者ラカイユは、当時使われていた化学実験用の真空ポンプを、星座にしたといわれています。

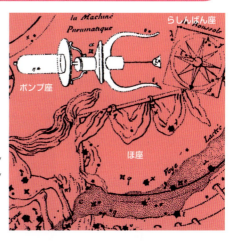

▶ポンプ座　ラカイユの古星図にあるポンプ座の姿で、真空ポンプは17世紀にフランスのデニス・パパンが考案したとされる、当時のハイテク機械のひとつでした。

春の星座を見つけよう

▲ポンプ座

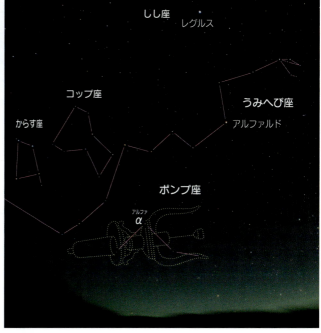

▶ポンプ座　春先の宵の南の地平線上に浮かぶアルゴ船の帆柱の付近をへし折って、ラカイユが強引にらしんばん座とともにわりこませ、新しく設定したのがこのポンプ座です。こんなわけで明るい星もなく、夜空の暗い場所でさえ見つけにくいものです。ポンプ座の絵柄も今ではいかにも古くさく見えます。

うみへび座（海蛇）

Hydra (略符 Hya)

概略位置　：赤経11h33m 赤緯-14°
20時南中　：4月25日
南中高度　：41°
肉眼星数　：71個（5.5等星まで）
面積　　　：1303平方度（順位1）
設定者　　：プトレマイオス

うみへび座は、頭から尾までの長さが、東西じつに100度を越える全天一の広い面積をもつ巨大星座です。
このため、全身を一度に見わたすには、よいタイミングをとらえて見るようにしなければなりません。たとえば、5月中旬なら午後8時ごろとなります。

▶うみへび座の頭部の見つけ方　いちばんわかりやすいのは、頭の部分で鎌首をもたげたようすと、その心臓に輝く赤い2等星アルファルドが目をひきます。

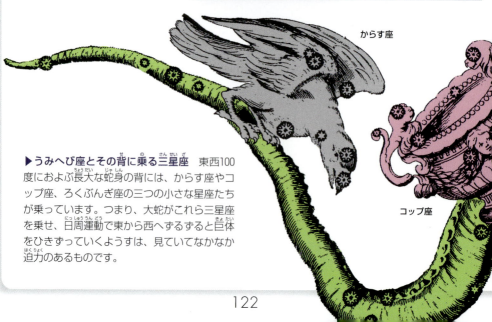

▶うみへび座とその背に乗る三星座　東西100度におよぶ長大な蛇身の背には、からす座やコップ座、ろくぶんぎ座の三つの小さな星座たちが乗っています。つまり、大蛇がこれら三星座を乗せ、日周運動で東から西へずるずると巨体をひきずっていくようすは、見ていてなかなか迫力のあるものです。

▲**春の悪役三星座** ヘルクレスに退治されてしまったギリシャ神話の悪役たちは、ヘルクレスぎらいの女神ヘラに「よくぞヘルクレスを苦しめてくれました」というおかしなほめられ方をして、星座にあげられたものたちです。いずれも春の宵に見つけやすい形の整った星座たちです。

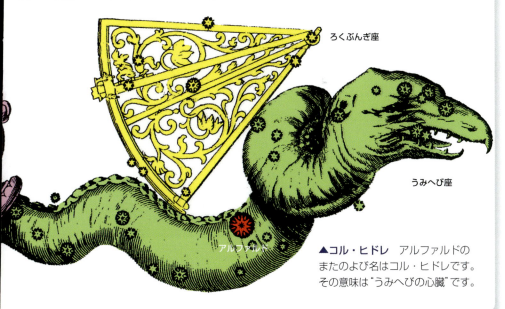

▲**コル・ヒドレ** アルファルドのまたのよび名はコル・ヒドレです。その意味は"うみへびの心臓"です。

▲うみへび座の全景の見つけ方 とにかく東西に長いので、春の南の明るい星たちすべてが、その姿を見つけるための目じるしになってくれます。ただし、全身淡い星ばかりのつらなりです。

▲うみへび座 心臓の位置に輝く赤い2等星アルファルドは、明るい星のない春の宵のこのあたりではぽつんと輝いて見え、その名の意味は「孤独なもの」です。距離180光年のところにある赤色巨星です。逆にこの星から太陽を見ると9等星と暗く、肉眼では見ることができません。

★星座物語

うみへび座

★9つの頭をもつヒドラ

うみへび座という星座名から浮かぶのは、海に住む大蛇といった姿ですが、この海蛇は、頭が9つもあるヒドラという、とんでもない怪物というのがその正体です。それをギリシャ神話第一の英雄ヘルクレスが意地悪なエウリステウス王の命令で、退治に出かけなければならなくなったのですからたいへんです。

ヒドラは、レルネア地方のアミモーネの沼に住んでおり、ヘルクレスが甥のイオラオスと出かけてみると、早くもその巨体をずるずるひきずってあらわれ、シューシューと強烈な毒気を吹きかけてきました。

ヘルクレスはかまわず、ヒドラの9つの首を棍棒をふるってつぎつぎに打ち落としていきましたが、驚いたことに、一つの切り口からは二つの首が生えてくるというありさまで、いつまでやってもきりがありません。これにはさすがのヘルクレスも困りはててしまいました。

★切り口を松明で焼いて

そのようすを見ていたイオラオスは、松明をつくると、ヘルクレスがヒドラの首をたたき落とすたびに、その切り口をすばやくジュッジュッと焼いていきました。これが大成功で、ヒドラの新しい首が生えてくるのをふせぐことができたのでした。そして、最後に残った首領の首だけは不死身でしたので、大きな穴を掘って土の中深く埋め、その上から大岩をのせ、とうとうヒドラを退治することができたのでした。

★お化けがにの加勢

このヘルクレスのヒドラ退治のとき、ヒドラの加勢として沼からごそごそはい出してきて、ヘルクレスの足を大きなハサミではさんだのが、うみへび座の頭の上でかに座になっているお化けがにでした。もちろん、それはものの数ではなく、たちまちヘルクレスに踏みつぶされ、ぺちゃんこになってしまったのでした。

春の星座を見つけよう

▲ヘルクレスのヒドラ退治

ろくぶんぎ座
（六分儀）
Sextans（略符 Sex）

概略位置　：赤経10h14m　赤緯-2°
20時南中　：4月20日
南中高度　：53°
肉眼星数　：5個（5.5等星まで）
面積　　　：314平方度（順位47）
設定者　　：ヘベリウス

　ポーランドの天文学者ヘベリウスは、17世紀に活躍した人物で、10の新星座を設定、そのうちの7星座が現在も残されていて、そのひとつがこのろくぶんぎ座です。ヘベリウスの死後に刊行された1690年の著作『天文学の先駆者』の星図に"ウラニアの六分儀"の名で登場するのが初めてですが、六分儀はかつて天体観測や航海のとき使われた、角度を正確に測る機械で、彼も愛用していました。
　ところが、1679年の火事でそれを焼失してしまい、火事で焼けたその六分儀をしし座とうみへび座の間に置き、二度と災難にあわないよう「勇敢な二つの星座たちに守ってもらうことにしよう」と星空にあげたのだといわれています。

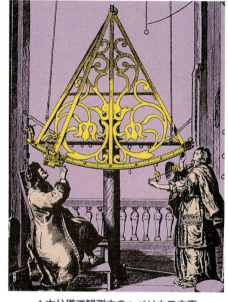
▲六分儀で観測中のヘベリウス夫妻

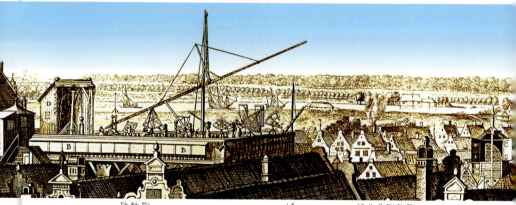
▲ヘベリウスの天文台　ヘベリウス（1611～1687）は、ポーランドのグダニスクで市政官や市会議員をつとめた有力者です。自宅に「星城」と名づけた当時世界最大の天文台をつくり、35歳も若い夫人とともに天体観測に情熱をそそぎましたが、夫妻の留守中に火事となりました。

▶**ろくぶんぎ座の見つけ方** しし座の1等星レグルスとうみへび座の心臓に輝く、赤い2等星アルファルドのほぼ中間のあたり、やや東よりにある"へ"の字を大きく曲げたように、3個の淡い星を結びつけて描くのがろくぶんぎ座です。しかし、いちばん明るいアルファ星が4.5等星ですから、その姿を見つけだすのは、町の中の夜空ではまず無理といっていいでしょう。

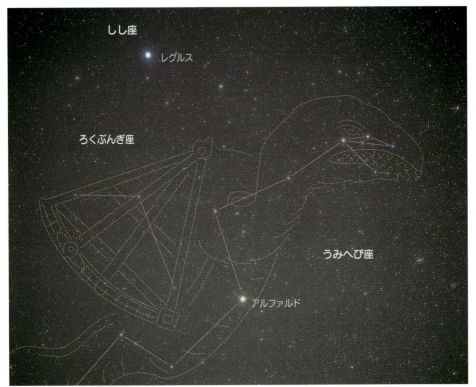

▲**ろくぶんぎ座** 夜空の暗い場所でなら、3個の星で形づくる"へ"の字形は見つけられますが、それでもしし座の1等星レグルスと、うみへび座の2等星アルファルドの中間あたりと見当づけてやっとといったところで、ふだんはほとんど注目されることもない星座といえます。

コップ座
Crater (略符 Crt)

概略位置　：赤経11h21m 赤緯-16°
20時南中　：5月8日
南中高度　：40°
肉眼星数　：11個（5.5等星まで）
面積　　　：282平方度（順位53）
設定者　　：プトレマイオス

コップなどといえば、安いガラスコップのようなものをイメージしてしまいますが、この星座のコップはギリシャ美術でおなじみの把手のついた、台付きのりっぱな盃クラーテルのことです。わかりやすくいえば、優勝カップのようなものをイメージしてもらえればよいでしょう。

▲からす座とコップ座

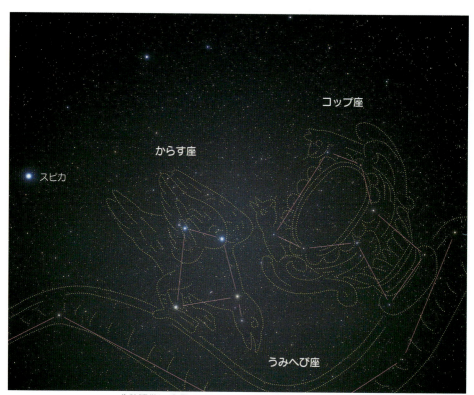

▲からす座とコップ座　画面左端の輝星がおとめ座の1等星スピカで、これとからす座の小四辺形を目じるしにすれば、コップ座の位置はすぐ見当づけられます。4等星より暗い星ばかりの淡い星座ですが、形がととのっていて、見なれてしまえばとてもイメージしやすい星座です。

春の星座を見つけよう

▲**春の星座** コップ座は南の空に横たわるうみへび座の背に乗る星座で、からす座の方へへいくぶん傾いています。そして、日の神アポロンに嘘をついたため、美しい銀毛から真っ黒な姿に変えられて星空にさらされたからす座は、のどがかわいても、そのコップ座には口が届かず、いつまでも水をのむことができないでいるといわれています。

▶**コップ座の見つけ方** 春の大曲線をスピカからさらに延長すると、からす座の小四辺形にいきあたります。コップ座はその小四辺形のすぐ西にあります。ただし、コップ座の星は淡く町の中では見つけにくいといえます。

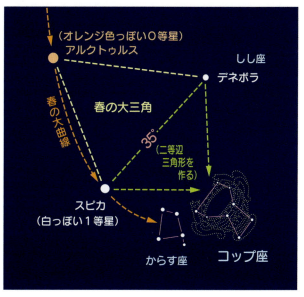

からす座(烏)
Corvus (略符 CrV)

概略位置：赤経12h24m 赤緯-18°
20時南中：5月23日
南中高度：37°
肉眼星数：11個（5.5等星まで）
面積：184平方度（順位70）
設定者：プトレマイオス

春の宵の南の空に長々と横たわるうみへび座の背に乗る、小さな星座がからす座です。3等星4個がややいびつな四辺形を描くようすは、妙に目につき、春の宵の空の星座としては、見つけやすいもののひとつで、町の中の夜空でさえ、あんがい目につくことでしょう。

▲ボーテの古星図のからす座とコップ座

▲からす座　左よりの明るい星はおとめ座の1等星のスピカで、春の大曲線のカーブをスピカでとめないで、そのまま延長していくとからす座の小さな四辺形にいきあたります。春の宵の南の空で意外に目につくからす座の姿は、春の大曲線でさらに見つけやすくなっています。

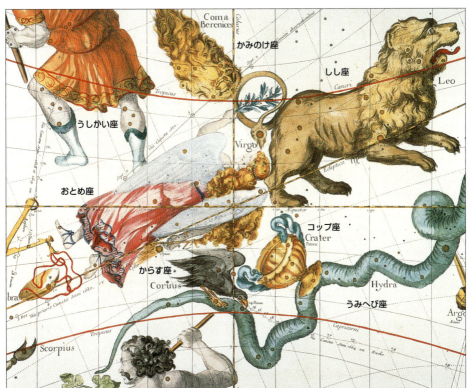

かみのけ座
しし座
うしかい座
おとめ座
コップ座
からす座
うみへび座

▲からす座付近　からす座は、銀の翼をもち言葉を話すこともできましたが、太陽の神アポロンにうその告げ口をしたため、その罰として真っ黒な姿に変えられ、星空にさらされることになり、のどがかわいても、西隣のコップ座の水に口がとどかないのだといわれます。

からす座の見方

目につくからす座の小さな四辺形は、世界中でいろいろな姿に見たてられていました。日本では、能登半島あたりで、春の海に浮かぶ小舟のようだと見て、「帆かけ星」とよんでいました。左はインドで手のひらと見た例です。

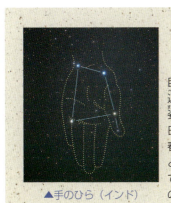

▲手のひら（インド）

▲帆かけ星（日本）

うしかい座（牛飼）
Bootes（略符 Boo）

概略位置　：赤経14h40m 赤緯+31°
20時南中　：6月26日
南中高度　：85°
肉眼星数　：53個（5.5等星まで）
面積　　　：907平方度（順位13）
設定者　　：プトレマイオス

春から初夏にかけての宵のころ、頭上高くオレンジ色に輝く明るい星が目にとまります。うしかい座の1等星アルクトゥルスです。アルクトゥルスの詳しい明るさは−0.06等星ですから、北斗七星の弓なりにそりかえった柄のカーブを延長してたどる「春の大曲線」にたよるまでもなく、ひと目でそれとわかります。都会の夜空でも、このオレンジ色のアルクトゥルスの輝きだけは、よくわかるものです。

▲うしかい座とりょうけん座

▲うしかい座の見つけ方　北斗七星の柄の弓なりにそりかえったカーブを、そのまま南に延長して、うしかい座の1等星アルクトゥルスから、おとめ座の1等星スピカへと届く、春の大曲線が目じるしで、うしかい座はそのアルクトゥルスから北へ西洋凧のような形に星をたどります。

▲**うしかい座とりょうけん座** 二匹の猟犬をつれ、北斗七星の熊を追いたてる牛飼いの姿は、一体の星座として見た方がイメージしやすいといえます。つまり、この牛飼いを北斗の大熊の巨大な見張り人と見るわけですが、本当のところ、その正体ははっきりしていません。

◀**東から昇るうしかい座** オレンジ色のアルクトゥルスから、北へ贈り物の包みにそえる"熨斗"のような形に星をたどって、牛飼いの姿を描きだしますが、これは西洋凧のような、ネクタイのような形といいかえてもよいかもしれません。うしかい座が東から昇るときには、真横に寝たかっこうで、その姿をあらわしてきます。なお、アルクトゥルス(Arcturus)は、なんとも発音しにくい星の名前ですが、これは「熊の番人」という意味からきているものです。また、オレンジ色のアルクトゥルスは、日本では麦の刈り入れのころの日暮れどき頭上に輝くので"麦星"のよび名で親しまれていました。アルクトゥルスの解説は142ページにもあります。

▶**西へ傾いたうしかい座** 西へ傾いた牛飼いは、立ち姿のままゆっくりしずんでいきます。このようすを古代ギリシャの詩人は「しずむに遅きボオーテス」と詩っています。うしかい座の星座名Bootesは、ギリシャ語の「牛を動かす」という意味からきているもので、これが星座名の語源とされ、その一方で「大声で叫ぶもの」という意味もあり、ボオーテスという大声は、熊を追うりょうけん座を勇気づけるための、勢子のかけ声だとする説もあります。

▲西へまわった春の大曲線　夏の宵のころ大きく西へ傾いた春の大曲線は、山なりに盛りあがったように見え、こんなようすは夜空の明るい町の中でもわかることでしょう。この写真では、春の大曲線の末端の白色の1等星スピカの近くに、赤い火星がやってきてならぶようすが印象的です。下のコラムにある6万年後のスピカとアルクトゥルスのならんで見えるときの光景には、私たちはお目にかかれませんが、こんなイメージで見えることでしょう。

春の夫婦星

日本では春から初夏にかけての宵のころ、ならんで輝くアルクトゥルスとスピカは、一対の星と見たてられ「春の夫婦星」の名で親しまれていました。現在は少し離れていますが、アルクトゥルスが秒速125キロメートルの猛スピードでスピカの方へ移動しているので、6万年後ころの星空ではぴったりよりそうようにして輝いて見えることになります。

▲アルクトゥルスの動き

りょうけん座(猟犬)
Canes Venatici (略符 CVn)

概略位置：赤経13h04m 赤緯+41°
20時南中：6月2日
南中高度：北85°
肉眼星数：15個（5.5等星まで）
面積　　：465平方度（順位38）
設定者　：ヘベリウス

りょうけん座は、北斗七星とうしかい座のオレンジ色の1等星アルクトゥルスの間にある星座で、もともとはおおぐま座に含まれていたものを、17世紀のポーランドの天文学者ヘベリウスが、うしかい座のつれた二匹の猟犬の星座として独立させたものです。

目をひく星は二つしかありませんが、この猟犬たちは、北の犬はアステリオン、南の犬はカーラと、それぞれちゃんとしたよび名をもっています。

▲うしかい座とりょうけん座

◀りょうけん座　アルファ星は「コル・カロリ」ともよばれ、王冠をかぶったハートが描かれています。これはイギリスの「チャールズⅠ世の心臓座」というのが、ここに設定されていたなごりのものです。二匹の猟犬は、牛飼いの革ひもにつながれ、大熊を追いたてるように東から西へ動き、その日周運動ともよくあっていて、なかなか味わいのある星空の構図となっています。なお、ヘベリウスが設定する以前の星座図には三匹の猟犬の姿が描かれたものもあります。

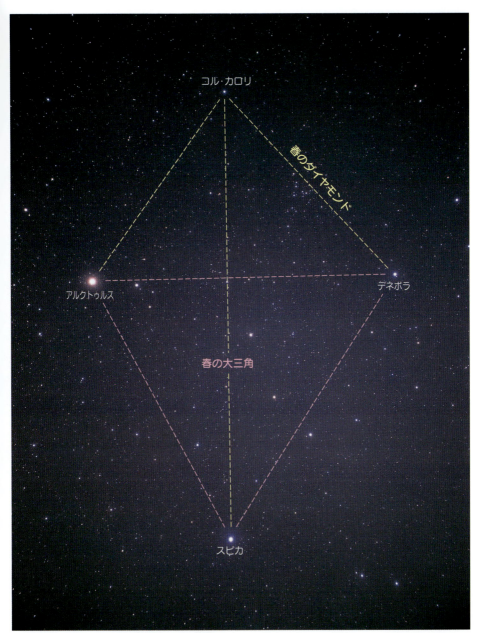

▲春のダイヤモンドと春の大三角 春の星座さがしの目じるしは、なんといっても春の大曲線ですが、このほかしし座の尾のデネボラを結びつける「春の大三角」や、これにりょうけん座のコル・カロリを結びつける「春のダイヤモンド」なども、よい目じるしになってくれます。コル・カロリは3等星ですが、近くに明るい星がないので思いのほか目につきます。

かみのけ座(髪)
Coma Berenices (略符 Com)

概略位置　：赤経12h45m 赤緯+24°
20時南中　：5月28日
南中高度　：78°
肉眼星数　：23個（5.5等星まで）
面積　　　：386平方度（順位42）
設定者　　：ティコ・ブラーエ

春の日暮れどき、頭の真上あたりに小さな星つぶの群れが、春がすみの中でひとかたまりの光芒のように、ぼんやり見えているのが目にとまります。具体的には、しし座の尾のデネボラとりょうけん座のコル・カロリの中間あたりになりますが、これがかみのけ座の星の集まりです。

▲かみのけ座

▲春の大曲線とかみのけ座　西の空にまわった春の大曲線の姿ですが、画面中央のあたりにかみのけ座のまばらな星の集まりが見えています。

16世紀のバイヤーの星図では、かみのけ座は星座ではなく、おとめ座の農業の女神がもつ小麦の束として描かれているのも面白いといえます。

▶**かみのけ座** 中央に見える小さなかみのけ座の星の群れの正体は、距離280光年のところにある散開星団Mel.111で、およそ80個ばかりの星が集まっているものです。距離も近くまばらな星の集団なので、あんなに広がって見えているものですが、かみのけ座は、散開星団そのものが星座になっているめずらしい例なのです。

コル・カロリ

Mel.111

デネボラ

ベレニケ王妃の髪

日本名は単にかみのけ座ですが、正式には、「ベレニケの髪の毛座」です。ベレニケは紀元前3世紀ごろのエジプトのエウエルゲテス王の妃で、美しい髪の毛の持ち主でした。アッシリア軍との戦いのとき、夫の戦勝を願って自ら髪の毛を切って神殿にささげ、見事、王は大勝利をおさめ、大神ゼウスはその髪の毛を愛で天にあげたといわれます。プトレマイオスはこの星座を省きましたが、16世紀のデンマークの天文学者ティコ・ブラーエは、史実に近い愛の物語に心を打たれてか正式星座として復活させたのでした。

▲ティコ・ブラーエ

おとめ座（乙女）
Virgo (略符 Vir)

概略位置	赤経13h21m 赤緯-4°
20時南中	6月7日
南中高度	51°
肉眼星数	58個（5.5等星まで）
面積	1294平方度（順位2）
設定者	プトレマイオス

おとめ座は、全天で二番目という大きな星座ですが、白色の1等星スピカのほかに目をひく明るい星がなく、春の宵の南の空に横たわる乙女の姿を見つけだすのは、少々やっかいといえます。とくに都会の夜空では、その背に翼をもち、手に麦の穂をたずさえた美しい乙女の姿が見つけだせるものかどうか心もとなく、春がすみのベールに包まれたようなイメージの星座として映ることでしょう。星座神話の乙女の正体も見え方に似てあやふやで、農業の女神デメテルとも正義の女神アストラエアとも、さまざまにいわれ、いまひとつはっきりしていません。

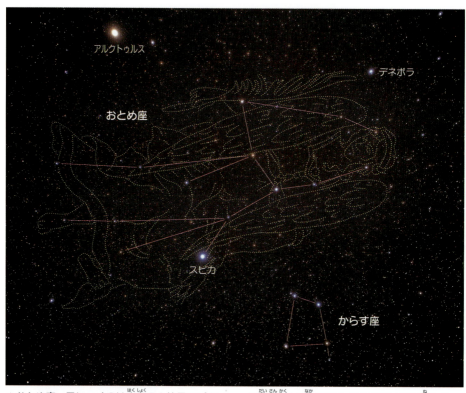

▲おとめ座　目につくのは白色の1等星スピカで、これにうしかい座の1等星アルクトゥルスと、しし座の尾の2等星デネボラを結びつけた「春の大三角」の中ほどに、乙女の姿は横に寝たかっこうで横たわっています。大まかにはYの字を横に寝せたような、淡い星のつらなりの星座です。

▶バリットの古星図に描かれたおとめ座の姿　1等星スピカは、スポーツの靴の底のスパイクと同じで「とがったもの」とか「とげとげしたもの」という意味を含んだことばで、豊作の女神が手にもつ、麦の穂先に輝いています。

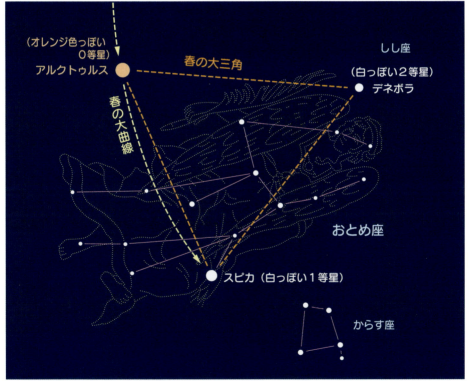

▲おとめ座の見つけ方　春の大曲線をたどって、オレンジ色のアルクトゥルスと白色のスピカの二つの1等星をまず見つけだし、これにしし座のしっぽに輝く2等星のデネボラを結んでできる逆正三角形の「春の大三角」の中ほどに横たわっています。淡い星ばかりの星座です。

▲**うしかい座の1等星アルクトゥルス** 春の大曲線上に輝くうしかい座のアルクトゥルスとおとめ座のスピカは、日本では一対の星と見られ"春の夫婦星"とよばれていました。このうちアルクトゥルスは、距離37光年のところにあって、秒速125キロメートルの猛スピードで、スピカの方へ移動中の高速度星です。オレンジ色に見えるのは、太陽の直径の24倍にもふくらみ、表面温度が3200度と低いためです。日本では、麦刈りのころの宵の頭上に輝くこの星を"麦星"とか"麦刈星"などよんでいました。

▲**おとめ座の1等星スピカ** その白い輝きから福井県のあたりでは"真珠星"とよばれていたとも伝えられ、そのイメージに似つかわしい白色の輝きのすがすがしさは、おぼろな春の宵の南の空で目をひく存在となっています。距離は250光年のところにあり、春の夫婦星のもうひとつ、うしかい座のアルクトゥルスより7倍も遠く、それで同じ1等星に見えるのですからスピカの実際の明るさのすばらしさが想像できようというものです。ただし、その実態は下のコラムにあるとおりです。

真珠星、スピカの正体

スピカは、白色に輝く一つの星のように見えますが、実際は太陽の直径の5倍と2.5倍の二つの高温度の星が、わずか4日の周期でぐるぐるめぐりあう猛烈な近接連星系をつくっているというのが実態です。ともに表面温度が2万度に近い灼熱の星というのですから大へんなものです。

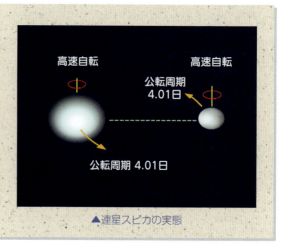

▲連星スピカの実態

★星座物語

おとめ座

★さらわれた娘

大神ゼウスの妹のデメテルは、地の母ともよばれ、果物や野菜、花々、そのほか大地から出るものすべてが、この女神に支配されていました。

そのデメテルには、ペルセポネという愛らしい一人娘がありましたが、ある日のこと、かねてから思いをよせていた冥土の神プルトーンがペルセポネを冥界の宮殿へさらっていくという大事件が起こってしまいました。

デメテルは、娘が行方不明になったと知ると、絶望のあまりエンナ谷のほら穴にこもってしまいました。

このため、春がきても草木や花は芽ぶかず、地上は一年中冬枯れの景色となりはててしまったのでした。

見かねた大神ゼウスは、ペルセポネがまだ冥土の食べ物を口にしていなければ、この世へ戻る望みがあると言って、冥土の神プルトーンに娘を母親のもとへ帰すように命じました。

★冬が訪れるわけ

しぶしぶ承知したプルトーンは、帰りぎわに、ざくろの実をもぎ、ペルセポネにそっと渡しました。彼女もなにげなくそれを四つぶ食べてしまいました。

このため、ペルセポネは地上の母親のもとに帰ったあとも、一年のうちの四か月間は、冥土で暮らさなければならない運命になってしまっていました。

それで娘のペルセポネが留守にする四か月間、母親デメテルは、ほら穴にこもりっきりになり、この世は冬になるのだといわれています。

▶おとめ座 黄道第6星座として重要視されてきた星座で、1等星スピカの近くにはしばしば明るい惑星や月がやってきてならんで見えることがあります。おとめ座は8月21日から9月20日生まれの人の誕生星座です。

かんむり座（冠）
Corona Borealis（略符 CrB）

概略位置	赤経15h48m 赤緯+33°
20時南中	7月13日
南中高度	88°
肉眼星数	22個（5.5等星まで）
面積	179平方度（順位73）
設定者	プトレマイオス

小さなかんむり座にきわだって明るい星はありませんが、うしかい座のすぐ北東に接して、7個の星がくるりと美しい半円形を描く姿は、春から初夏にかけての宵のころの頭上近くで、妙に目につきます。ふつう星座はその骨格となる星ぼしを結びつけて、その姿をイメージする場合が多いのですが、このかんむり座は、その必要もなく見ただけですぐそれとわかります。

▲かんむり座（ヘベリウスの古星図）

▲かんむり座のアップ　同じ冠の星座がいて座の南斗六星の南にあり「みなみのかんむり座」とよばれているため、こちらの冠の星座の正式名称は「北の冠コロナ・ボレアリ」といいます。コロナは皆既日食でおなじみですが、"丸いもの"をいいあらわすことばでもあります。

▶**かんむり座** アルファ星のゲンマの名の意味は、ラテン語の「宝石」で、そのよび名どおり冠の中ほどで2.2等の明るさで輝き、目をひいています。かんむり座では、アルファ星ゲンマを見つければ、小さな半円形の星のならびは、町の中でも見つけられます。かんむり座になっているこの冠は、酒神ディオニュソスがアリアドネ王女に贈った7個の宝石で飾った、美しい宝冠とされています。なお、アルファ星のアラビア名は"アルフェッカ"で、これは「欠けたものの明星」という意味のよび名です。

かんむり座の見方

かんむり座の半円形はとてもよく目につき、日本でも「鬼の釜」「太鼓星」などとよんで親しまれていました。一方その見方はじつにさまざまでアラビアでは半欠けの、「乞食の皿」、中国では「貫索」、つまり牢屋に見られていました。

▲乞食の皿（アラビア）

▲熊の足（シベリア）

ケンタウルス座

Centaurus (略符 Cen)

概略位置　：赤経13h01m 赤緯-48°
20時南中　：6月7日
南中高度　：8°
肉眼星数　：101個（5.5等星まで）
面積　　　：1060平方度（順位9）
設定者　　：プトレマイオス

上半身が人間で腰から下が馬身という、奇妙な半人半馬の怪人たちは、ギリシャ神話では「ケンタウロス族」とよばれ、いて座になっているケイローンのような賢人もないではありませんでしたが、乱暴で野蛮な連中が多いと見られていました。このケンタウルス座も隣のおおかみ座を、槍で突きさす姿として描かれています。

▼ケンタウルス座
▲おおかみ座

▲ケンタウルス座　春から初夏の宵のころ、半人半馬の上半身の部分だけ、真南の地平線上に姿を見せます。このあたりには明るい星が多いので、夜空の暗い場所ではあんがい星がにぎやかですが、南に低いので、町の中でこんなに低空まで見わたせるところは少ないかもしれません。

▶ケンタウルス座の全景

おとめ座の1等星スピカが真南にやってくるころ、南の地平線のあたりに上半身が見えています。南の地方へ南下するほど、次第に全身像が見えるようになってきて、沖縄や小笠原あたりでは、南の水平線上に馬身の足の先に輝くアルファ星やベータ星、それに足の下に入りこんでいる、南十字星までも見ることができるようになります。マイナス0.3等のアルファ星は、4.4光年のところにある太陽系にいちばん近い恒星です。

▼ケンタウルス座のω星団

肉眼でも見えるため、昔は3.7等星の恒星と考えられ、星につけられるωというギリシャ文字の符号を与えられていました。しかし、実際は明るい大型の球状星団で、下左は双眼鏡で、下右は望遠鏡で見た姿です。距離1万7300光年のところにあります。

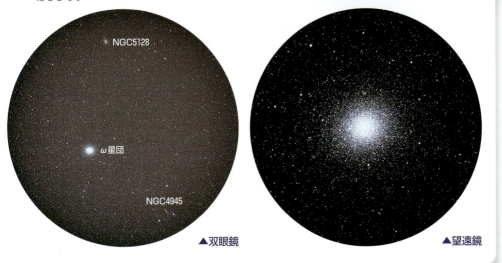

▲双眼鏡　　　　　　　▲望遠鏡

おおかみ座(狼)
Lupus (略符 Lup)

概略位置　：赤経15h09m 赤緯-43°
20時南中　：7月3日
南中高度　：13°
肉眼星数　：50個（5.5等星まで）
面積　　　：334平方度（順位46）
設定者　　：プトレマイオス

古代ギリシャの詩人アラトスの天文詩に「ケンタウルスの右手につかまれた野獣」と詠われていたように、このおおかみ座は独立した星座ではなく、ケンタウルス座の一部と見られていましたので、半人半馬のケンタウルス座と、その槍で突かれたおおかみ座の姿は、一体のものとして見たほうがよいといえます。

▼おおかみ座

▲おおかみ座とケンタウルス座　おおかみ座は古代ギリシャでは単に"野獣"とよばれ、ケンタウルス座の槍に突かれる姿から、その"犠牲"とよばれていたものです。現在は別々の星座ですが、こんないきさつから、この二つの星座は一体のものとして見るのがよいといえます。

▶おおかみ座 この付近には、3等星が9個もまとまっていますので、意外に明るい星座となっています。年齢が400万歳くらいの若くて、高温の青白い星たちの仲間「さそり・ケンタウルス運動星団」の星ぼしがこの付近に集まって見えているためです。

▼おおかみ座とケンタウルス座の見つけ方 初夏の宵のころ、真南の地平線上に見えていますので、大まかな位置はさそり座の赤い1等星アンタレスと、おとめ座の白色の1等星スピカを結んだ中間のあたりのずっと下よりの南の地平線上と見当をつければよいでしょう。

夏の星座を見つけよう

どっかり腰を落ちつけた太平洋高気圧のおかげで猛暑にうだる日中ですが、ホッとひと息ついての夕涼みがてらの星座ウォッチングの楽しさはまた格別です。

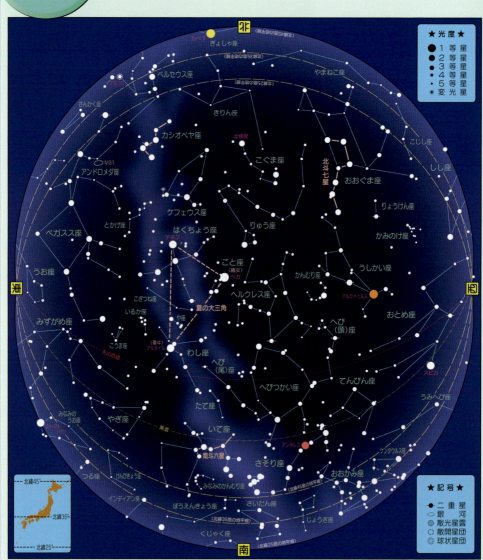

▲夏の星空　星空全体のようすで、円の中心が頭の真上"天頂"にあたります。緯度別の星空の見える範囲のちがいも示してあります。

▶夏の星座たち　夏の宵のころ南の空に見える星座たちの絵姿をあらわしたもので、七夕の織女星ベガのあたりが頭の真上になります。

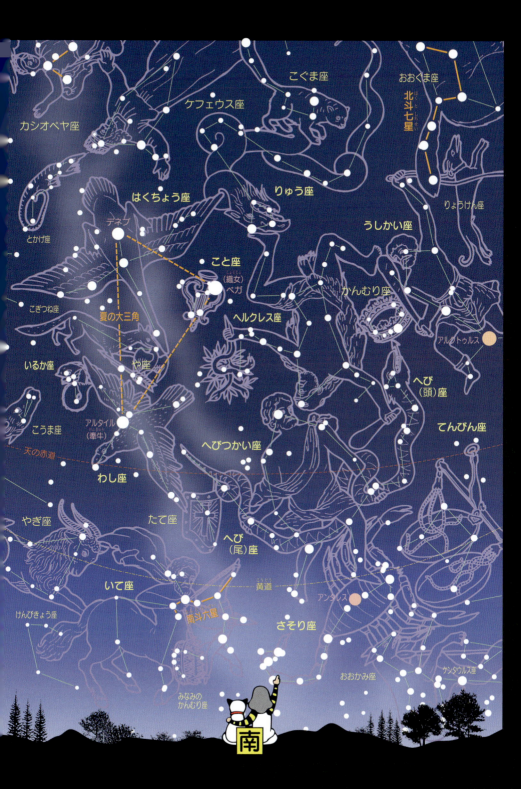

夏の星座を見つけよう

◤夏の星座　夏の夜空の風物詩はなんといっても頭上の夏の大三角のあたりから、南の地平線へと一気に流れ下る明るい天の川の光芒でしょう。明るいとはいっても町の中ではネオンや外灯の光に打ち消されて見えませんので、一度は夜空の暗く澄んだ高原などへ家族や友人たちとそろって出かけ、迫力あるその光景を目にしてほしいものです。肉眼でも光の入道雲のようにはっきりよく見えます。

▲夏の星座の見つけ方　一番の目じるしは町の中でさえよく見える七夕の織女星ベガと牽牛星アルタイル、それにはくちょう座のデネブの3個の1等星でつくる"夏の大三角"です。この大きな三角形の各辺をあちこちに延長していくと、夏の星座や星たちの位置の見当がつけやすくなります。天の川の見える場所でなら、天の川を目じるしに、その両岸にある星座たちの姿が次々に見つけだせることでしょう。

南の星空

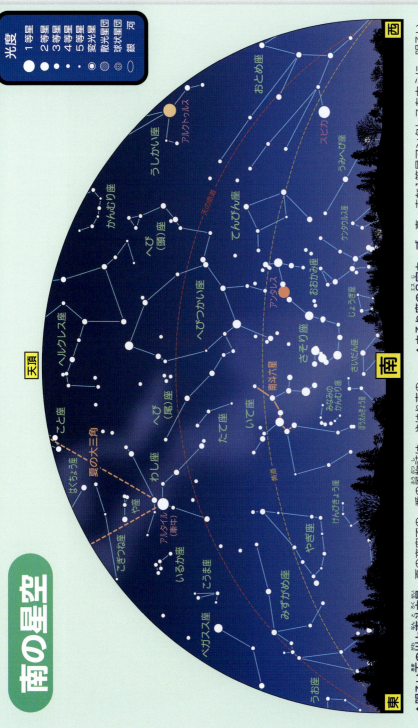

▲明るい天の川と南斗六星　夏の夜空での一番の風物詩は、やはり南のいて座とさそり座の間で、ひときわ明るい天の川の光景でしょう。夜空の明るい町の中では見えませんので、夜空の暗く澄んだ高原などへ出かけて見るのがおすすめです。その天の川の中に南斗六星の姿もあります。

▲さそり座のS字カーブ　真っ赤な1等星アンタレスを中心に、明るい星がS字のカーブを描くようにつらなっているのがさそり座です。あかい明るめの星たちなので、町の中の夜空でも見つけられます。ただし、南に低めなので、視界の開けた場所で見るようにしてください。

夏の星座を見つけよう

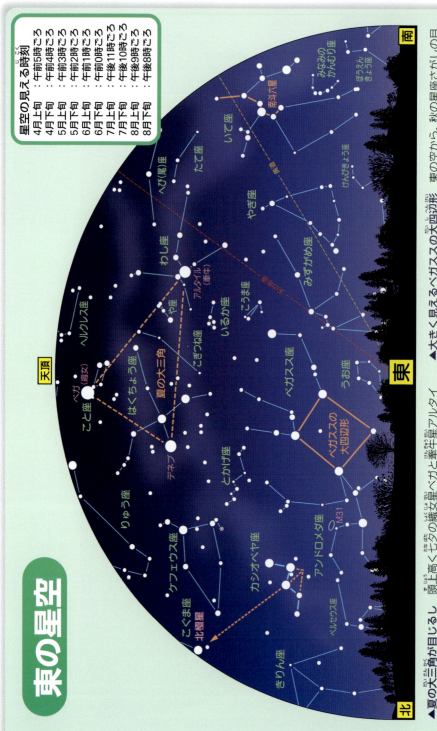

西の星空

▲オレンジ色のアルクトゥルスと白色のスピカ　目をひくのは、オレンジ色のうしかい座の1等星アルクトゥルスと、低くしだった白色のおとめ座の1等星スピカです。この二つの星は日本では「夫婦星」のよび名で親しまれていました。スピカの方が先に地平線へと姿を消していきます。

▲西空で山なりのカーブを描く春の大曲線　北斗七星の柄のにぎったカーブをそのままのばしていくとアルクトゥルスからスピカへとのびる春の大曲線は、夏の夜空ではとてもよく目につきます。

▲西北の空でゆっくり返った春の大曲線　北西の空でひっくり返った春の大曲線は、アルクトゥルスがカーブを延長して、夏の夜空では大きく山なりにふくらんだカーブとして見え、とてもよく目につきます。

157

さそり座(蠍)
Scorpius(略符 Sco)

概略位置 ：赤経16h49m 赤緯-27°
20時南中 ：7月23日
南中高度 ：28°
肉眼星数 ：62個（5.5等星まで）
面積 ：497平方度（順位33）
設定者 ：プトレマイオス

夏の明るく幅広い天の川の光芒は、南の地平線のシルエットの上のあたりでひときわ目につきますが、その天の川の西岸に真っ赤な1等星アンタレスを中心に大きなS字のカーブを描くようにつらなっているのが、オリオンを刺し殺した大蠍の姿をあらわしたさそり座です。

▼アラビアの古星図のさそり座

▲いて座とさそり座　夏の明るい天の川の中に半ばうもれるようにして、いて座とさそり座がその両岸に姿を見せています。両星座ともに黄道星座なので、しばしば明るい惑星がやってきてならび、この写真では地球接近中の赤い火星が天の川の中に明るく輝いて見えています。

アンタレス →

← 相撲取り星（肉眼二重星で、二つの星がかわるがわるまたいて、相撲をとっているように見えるところからきた日本の星の名です）

▲**南東の空へ立ちあがるさそり座**　真っ赤な1等星アンタレスを中心に、明るい星ぼしがS字のカーブを描く姿は、星をたどってみるまでもなく、この方向に目を向けただけでひと目でそれとわかります。さそり座は10月21日から11月20日生まれの人の誕生星座です。

◀火星の敵アンタレス　真っ赤な1等星アンタレスは、黄道に近く、しばしば赤い惑星の火星がやってきてならび赤さを競っているように見えます。そこでアンタレスとは、軍神アレースの星"火星"に対抗するものという意味の、アンチ・アレースから名づけられたものです。つまり、アンタレースからアンタレスというわけです。

▲アンタレス　太陽の直径のじつに720倍もある赤色超巨星というのが、その正体です。

エイと大蛇

さそり座のS字のカーブは、あまりにも形がはっきりして目につくので、世界中でじつにさまざまに見たてられていました。右の大蛇はブラジルのジャングルで、左の巨大エイは西太平洋の島々の人びとの見方です。

▲巨大なエイ

▲大蛇

▲**天にひっかかった釣り針** ニュージーランドなど南半球の夜空では、さそり座のS字のカーブが逆さまに頭上高く見えています。マオリ族の人々は先祖神マウイが、ニュージーランドの北島を釣りあげたとき、いきおいあまって釣り針が、天にひっかかったものとしています。

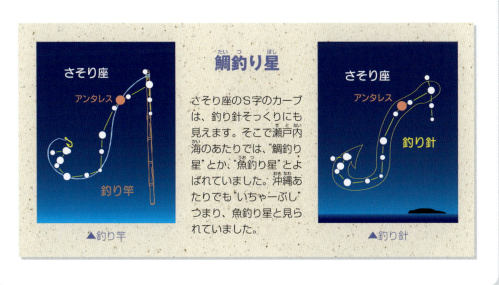

鯛釣り星

さそり座のS字のカーブは、釣り針そっくりにも見えます。そこで瀬戸内海のあたりでは、"鯛釣り星"とか、"魚釣り星"とよばれていました。沖縄あたりでも"いちゃーぶし"つまり、魚釣り星と見られていました。

▲釣り竿　　▲釣り針

さそり座　アンタレス

▲**大火西に流る**　中国では真っ赤な１等星アンタレスを"火"とか"大火"とよび、アンタレスが初秋のころ南西の空へ傾くようすを"大火西に流る"といい、寂寥感ただようながめとして、漢詩などに好んで詠まれました。日本ではその赤いアンタレスの輝きを"酒酔星"などとよぶ地方もありました。

▲**かごかつぎ星**　真っ赤な１等星アンタレスは両わきにある３等星とで"へ"の字形をつくっています。日本ではこれを天秤棒で荷をかつぐようすにイメージして"豊年星"などとよぶ地方もありました。秋の収穫が多いと、にない棒がしなり、中央のアンタレスが、赤い顔をして力んでいるというわけです。

▶**散開星団Ｍ６とＭ７**　さそり座の尾の毒針の近くにある明るい散開星団で、肉眼でもわかりますが、双眼鏡では天の川の微光星をバックにうかびあがり、すばらしいながめとなります。

★星座物語

さそり座

★オリオンの高言

「ガハハハ……、この世に俺さまにかなう奴などいるものか、どんな獣だとて、わしにかかってはいちころだ……」
これが大男の狩人オリオンの口ぐせで、言いたい放題、やりたい放題の乱暴者として、おそれられていました。
オリオンのこの日ごろの行状に怒ったのが、大神ゼウスの后ヘラ女神でした。ヘラ女神は神々と相談し「できるだけケチくさいやつに、オリオンをやっつけさせることにしょうではないか」と、話がまとまりました。候補として毒グモ、ムカデ、毒バチ、毒トカゲなどの名があがりましたが、結局、日陰者でどちらかといえばきらわれ者の大さそりが、よびだされることになりました。もちろん、この世で最強の猛毒のもちぬしです。

★さそり座のライバル

いつものようにオリオンが、のっしのっしといばりちらしながら歩いてくるのを見つけると、ヘラ女神は大さそりを道に放ちました。オリオンにとってさそりのひと刺しはなんでもないものでしたが、オリオンがそれと気づかぬうちに全身に毒がまわり、わけがわからずもがき苦しんだあげく、息絶えてしまいました。
神々はお手柄のさそりを、星座として星空にあげることになりましたが、こんな事情で星座になってからもオリオン座はさそり座が大の苦手、さそり座が出ている間はけっして姿を見せないのだといわれます。この二つの星座が、天球上で正反対に位置して、同時に見えることのないのを、神話にたくみに結びつけたというわけです。(52ページも参照)

夏の星座を見つけよう

▶いて座とさそり座 半人半馬のいて座は、弓に矢をつがえさそり座にねらいをさだめています。毒虫のさそり座がわるさをしないよう、いつでも矢が放てるように身がまえているのだとされています。

いて座(射手)
Sagittarius (略符 Sgr)

概略位置：赤経19h03m 赤緯-29°
20時南中：9月2日
南中高度：26°
肉眼星数：65個（5.5等星まで）
面積：867平方度（順位15）
設定者：プトレマイオス

ひらがなで「いて」と書いたのでは、意味がわかりにくいかもしれませんが、「射手」と書かれれば、弓を射る人とすぐおわかりいただけることでしょう。

夏の宵の南の地平線のあたりで、天の川がひときわ明るく幅広くなった部分に半ば身をひたすように姿を見せている星座ですが、ふつうでないのは、その姿が上半身が人間で下半身が馬という、半人半馬の馬人として描きだされていることです。この馬人は乱暴者ぞろいとされるケンタウロス族の中にあって、めずらしく賢者とされたケイローンの姿をあらわしたものというのが、その正体なのです。

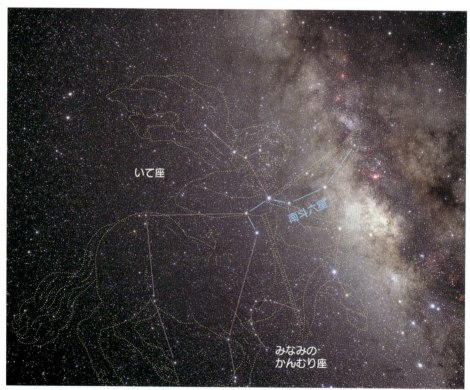

▲いて座　半人半馬のケイローンは、ギリシャ神話に登場する英雄たちに教育をほどこした賢人で、ずっと西よりにあるケンタウルス座の馬人のような乱暴者ではありませんでした。いて座は黄道第9番目の星座で、11月21日から12月20日生まれの人の誕生星座です。

▶**いて座** アラビアの古星図に描かれたいて座の姿です。半人半馬のケイローンは、音楽の神アポロンや月の女神アルテミスから、音楽、医術、予言、狩りなどの技術をさずけられ、それをギリシャ神話の英雄たちにつぎつぎに伝え、教育をほどこした賢者とされています。

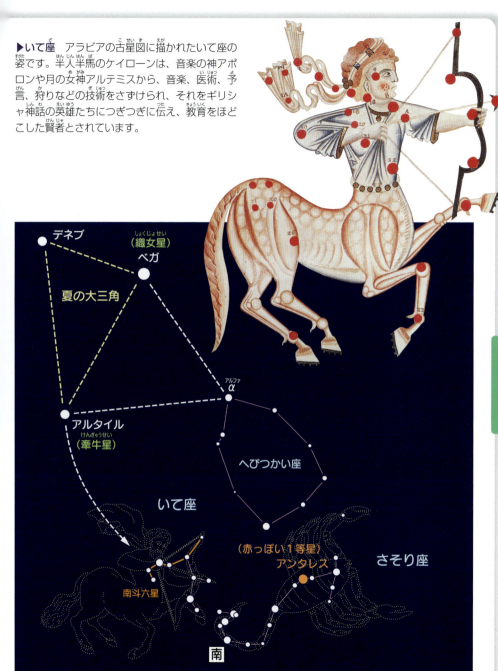

夏の星座を見つけよう

▲**いて座の見つけ方** いて座は明るい夏の川の中にうもれるようにして見えていますが、北斗七星を小さくしてふせたような、6個の星のならび「南斗六星」のほかに目をひくほどのものがありません。全体像はすぐにとらえにくいので、南斗六星をまず見つけだしてください。

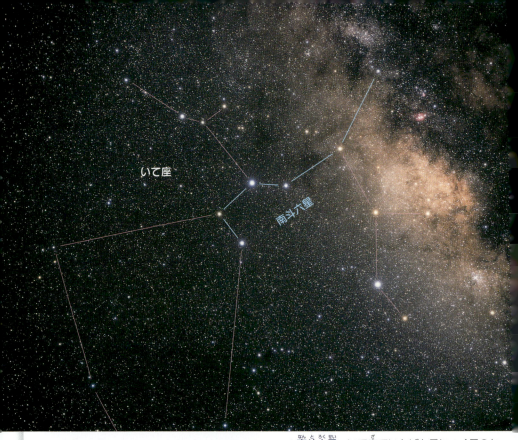

▲南斗六星　いて座でいちばん目につく星のならびが「南斗六星」です。西洋ではこの形を、天の川のミルクをすくうさじの形と見てミルク・ディパーとよんでいました。

▲いて座　父クロノスが馬の姿で母フィリラに会いに出かけたため、馬人となって生まれました。

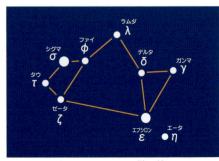

▲ティーポット　いて座は、結び方によっては、お茶を入れるポットの形にも見えます。

★星座物語

いて座の南斗六星

★北斗と南斗の仙人

中国では北斗と南斗について、次のような話が語り伝えられています。

昔、農家の親子が畑仕事に精を出していると、天文の人相見の達人が通りがかってつぶやきました。

「ふびんだが、この子は二十歳までは生きられまいよのォ……」

驚いた父親が、どうすれば子どもの命をのばせるのか、ぜひ教えてほしいと達人にすがりつきました。

「酒と乾肉をもって麦畑の南のはしにある、桑の木のところに行くがよい。そこで二人の仙人が碁を打っておるから、ただ黙ってお酌をして、肉をすすめてみることじゃ……」

その子がいわれたとおり出かけてみると、はたして二人の仙人が夢中になって碁を打っているではありませんか。

そこでその子は、仙人たちのそばに座りこんで、ただ黙ってしきりに酒と肉をすすめてみました。

★ひっくりかえした寿命帳

碁を一局打ち終わって、やっと農夫の子がいるのに気づいた北側の青白い顔の仙人は、目を怒らせてどなりつけましたが、南側の赤ら顔の仙人は、「まあ、ごちそうにもなったことだしな……」といって寿命帳をとりだし、「十九歳」とあるのをひっくり返し「九十歳」としてくれました。

よろこんだ子どもが、そのことを達人に伝えると、うなずいていいました。

「北側にいた仙人が北斗で死を司り、南側にいた仙人が南斗で、生を司どる神なのじゃよ……」

中国では人が生まれるとき、南斗と北斗の仙人が何歳まで生きさせるか相談して寿命をきめ、帳面にそのことを記しておくのだと考えられていました。

夏の星座を見つけよう

▶北斗七星と南斗六星　夏の宵の北西の空には、大きな北斗七星が傾いて見えていますので、南の空に見える南斗六星と大きさをくらべてみるとよいでしょう。北斗は死を、南斗は生を司る仙人ですから、この二つはペアの星のならびとして見るのがよいといえます。

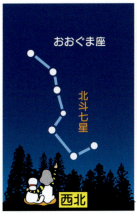

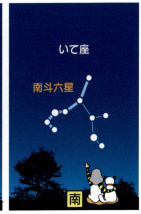

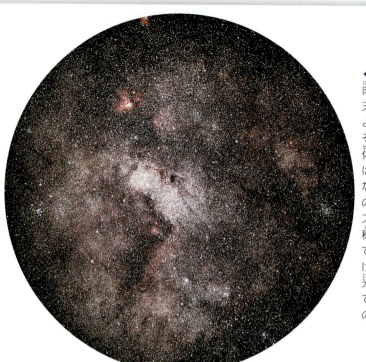

◀双眼鏡で見た天の川
肉眼ではいて座の明るい天の川は、光の入道雲のようにしか見えません。それで、昔の人びとは正体をつかみかね、中国では「銀漢」、北欧では亡くなった魂が昇天する「魂の道」、エジプトではイシス女神がばらまいた麦の穂などと、さまざまに見ていました。双眼鏡を向けると天の川が無数の微光星の光がおりかさなって見えているものと、その正体がすぐつかめます。

▶双眼鏡で見たM8など
いて座の天の川があんなに明るく見えるのは、二千億個もの星があのUFOのような円盤状に群れる銀河系の中心方向が、いて座のケイローンのつがえた矢の先のあたり、2万8000光年のところにあるためです。この方向の天の川の中には三裂星雲M20や干潟星雲M8などの明るい星雲、星団がたくさんひそんでいて双眼鏡で楽しめますので、さぐってみると興味深いことでしょう。

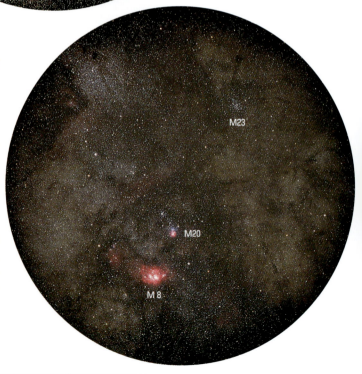

★星空物語

天の川

★赤ん坊のヘルクレス

夏の宵の南の地平線のあたりから、頭上の夏の大三角のあたりにかけ、天の川の光芒が立ち昇っています。都会の夜空では見えませんので、夏休みのときなど、夜空の暗い高原などに出かけて、一度はその姿を目にしてほしいといえます。ギリシャ神話では、この天の川の正体について次のように語り伝えられています。英雄ヘルクレスが赤ん坊だったころのことです。大神ゼウスの妃ヘラが眠っているのを見つけた伝令神ヘルメスは、赤ん坊のヘルクレスを抱きあげると、ヘラ女神に近づきその乳首を吸わせました。

▲銀河系中心方向の夏の天の川

★ほとばしり出た乳

びっくりして目をさましたヘラ女神は、「あれーっ、なにをするの……」とさけんで思わず赤ん坊のヘルクレスをつき放しましたが、ヘルクレスに強く吸われた乳首からは、勢いよく乳がほとばしり出て星空にかかり、天の川となって輝きだしたと伝えられています。
それで英語では天の川のことをミルキィ・ウェイ、つまり、「乳の道」とよんでいるというわけです。そして、南斗六星を、天の川をすくう小さなスプーンという意味で、"ミルク・ディパー（さじ）"とよんでいました。

▶天の川の誕生　ほとばしり出た乳が星空にかかり天の川となりました。（ティントレット画）

夏の星座を見つけよう

みなみのかんむり座
（南冠）
Corona Australis （略符 CrA）

概略位置　：赤経18h35m 赤緯-42°
20時南中　：8月25日
南中高度　：14°
肉眼星数　：21個（5.5等星まで）
面積　　　：128平方度（順位80）
設定者　　：プトレマイオス

北の空にアリアドネ王女の宝冠をあらわした"かんむり座"がありますが、夏の宵の南の地平線低く、それによく似た星のならびの"みなみのかんむり座"があります。小さな星をつらねて描く半円形が低い空にもかかわらず意外によく目につき、お気に入りの人も多い星座です。

▶みなみのかんむり座のアップ　双眼鏡で見ると、視野の中にくるりと小さな半円形を描く星たちが見え、南の冠のイメージがはっきりつかめます。

▲南のリース　みなみのかんむり座のギリシャの古いよび名は"南のリース"と優雅で、これは草花をたばねて作った輪のことです。

▲ヘベリウスの古星図のみなみのかんむり座
アルファ星の名の意味は"南の欠け皿"で、144ページの北の冠のアルファ星に通じるよび名です。

▲**南の空低いみなみのかんむり座** 小さな半円形は、夏の宵のころ、いて座の南斗六星のすぐ南よりの低い空に見えています。そのためかつては"射手の冠"とか半人半馬の"ケンタウロスの冠"などとよばれてもいました。南斗六星を目じるしにすればすぐ見つけられます。

てんびん座(天秤)
Libra (略符 Lib)

概略位置　：赤経15h08m 赤緯-15°
20時南中　：7月6日
南中高度　：40°
肉眼星数　：35個（5.5等星まで）
面積　　　：538平方度（順位29）
設定者　　：プトレマイオス

初夏の宵のころ、西の空のおとめ座の白色の1等星スピカと、南のさそり座の真っ赤な1等星アンタレスの間に、3個の3等星が"く"の字を裏がえしにしているようにならんでいるのが目にとまります。明るい星座ではありませんが、人間の善悪を裁くためのてんびん座です。

▼てんびん座

▲てんびん座　天秤の姿だけを見つけだそうとするのはむずかしいかもしれませんので、東隣りのさそり座のS字のカーブを目じるしにすると見つけやすいでしょう。もともとてんびん座は、さそり座のハサミの先端と見られていたものなので、この二つはすんなりつなげられます。

▲さそり座とてんびん座　黄道12星座の第7番目がてんびん座で、9月21日から10月20日生まれの人の誕生星座です。黄道帯は"獣帯"ともよばれるように、動物などの星座ばかりですが、その中で唯一このてんびん座だけが、無生物の星座となっています。しかし、もともとは、てんびん座はさそり座の一部ではあったのです。

▼肉眼二重星　てんびん座の裏がえしの"く"の字の折れ曲がりに注目すると、2.9等の$α^2$星と5.3等の$α^1$星のペアが、3.9分角の間隔でならんだ二重星だと肉眼でもわかります。

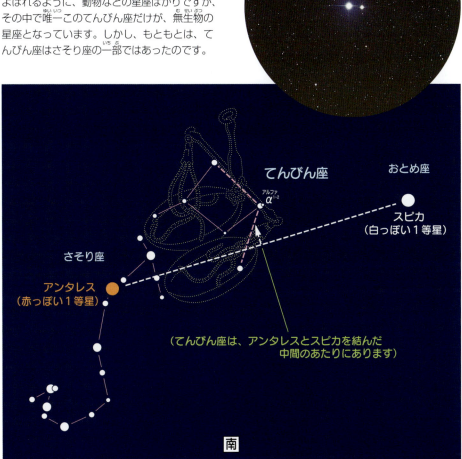

▲てんびん座の見つけ方　この天秤は、正義の女神アストラエアが人の運命をきめたり、正邪をはかったりするときに使ったものとされ、そのアストラエアは、西隣りでおとめ座になっているといわれます。さそり座もおとめ座もてんびん座と深いかかわりをもっているわけです。

夏の星座を見つけよう

りゅう座（竜）

Draco（略符 Dra）

概略位置：赤経15h09m 赤緯+67°
20時南中：8月2日
南中高度：北58°
肉眼星数：79個（5.5等星まで）
面積　　：1083平方度（順位8）
設定者　：プトレマイオス

りゅう座は、一年中北の空に見えていて、ほとんど地平線下にしずむことはありませんが、あえて宵のころの見ごろといえば、北の空高く昇りつめた夏の宵のころとなります。天の北極のまわりでとぐろを巻く竜の姿は、あんがいわかりよいことでしょう。

▶**りゅう座とこぐま座**　りゅう座の尾に近い3等のアルファ星のトゥバンは、エジプトのピラミッド建設のころ北極星役をになっていた星で、紀元前2796年には天の北極へわずか0.2度まで近づきました。（110ページの歳差の解説参照）

りゅう座

こぐま座

トゥバン

北極星

はくちょう座
（白っぽい1等星）
デネブ

北十字

りゅう座

γ ガンマ

ベガ
（青白っぽい0等星）

こと座

夏の大三角

わし座
（白っぽい1等星）
アルタイル

◀**りゅう座の頭部の見つけ方**　りゅう座の目じるしは、七夕の織女星ベガに近い、小さな四辺形です。2～3等のわりあい明るめの星たちなので意外にめだちます。この小四辺形が竜の頭部にあたり、折れ曲がりながらつらなる長い胴体の星はここからたどっていけば見つけやすくなります。

▲ **りゅう座** ヘスペリデスの園で大神ゼウスと、后ヘラの結婚祝いの黄金のリンゴを守っていた火竜です。うっかり居眠りをし、ヘルクレスにたのまれてやってきたアトラスにリンゴを盗られてしまいました。しかし、長年の番人役のごほうびに星座にしてもらったものです。

ヘルクレス座
Hercules（略符 Her）

概略位置：赤経17h21m 赤緯+28°
20時南中：8月5日
南中高度：82°
肉眼星数：85個（5.5等星まで）
面積　　：1225平方度（順位5）
設定者　：プトレマイオス

ヘルクレス座は、夏の宵のころには頭の真上にやってきますが、3等星より暗い星ばかりなので、ギリシャ神話第一の英雄の姿としてはいささかさみしい感じにさせられることでしょう。しかも、さらにややこしいことに、南に立って頭上を見あげると、なんと逆さまのかっこうの"逆さまの巨人"として、見えていることがわかります。どうしてこんな姿になってしまったのでしょうか。

それは、大神ゼウスが、ペルセウスと、アンドロメダの娘アルクメーネに生ませた子という出生の秘密によるもので、ヘルクレスが常に大神ゼウスの妃ヘラの嫉妬と呪いを、星座になってからでさえうけていたためらしいのです。

▲ヘルクレス座の見つけ方　頭に輝く3等のアルファ星は、すぐ南のへびつかい座の頭の2等のアルファ星とならんで目をひいていますが、あとは"キーストーン（かなめ石）"とよばれる、やや折れ曲がったH形の胴体の星のならびを見つけ、アルファ星と結びつければよいでしょう。

▶**ヘルクレス座** 3等星より暗い星ばかりなので、頭の真上にやってきたときでも、町の中の夜空では、大きなその全身像はつかみにくいことでしょう。まして東から昇るときや、西へ下がっていくときなどのヘルクレスの巨体は、見つけにくいといえます。そんなときの大まかな目じるしは、七夕の織女星ベガとかんむり座の間に見えていると見当づけるのがよいでしょう。また、へびつかい座の2等のアルファ星と、3等のアルファ星が頭を接してならんでいるのも目につきます。アルファ星の名前は「ラス・アルゲティ」で"ひざまずく者の頭"という意味です。この赤いアルファ星は約100日の周期で3等から4等星まで明るさを変える半規則変光星でもあります。

▼**ヘルクレス座の古星図** 12回もの大冒険などギリシャ神話で活躍するこの勇者も、逆さまに見えているうえ星が淡いので、大昔にはエイドローン（まぼろし）とか、単に"ひざまずく者"などとだけよばれていたこともありました。

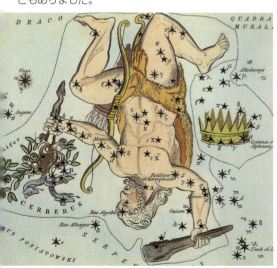

▲**球状星団M13** ヘルクレスの腰のあたりにある北天一美しいもので、双眼鏡で存在が、望遠鏡では星つぶがわかります。

へびつかい座(蛇遣)
Ophiuchus(略符 Oph)

概略位置	赤経17h20m 赤緯-8°
20時南中	8月5日
南中高度	47°
肉眼星数	55個（5.5等星まで）
面積	948平方度（順位11）
設定者	プトレマイオス

へびつかい座などといわれると、つい笛を吹いて蛇を踊らせる、あの見世物の大道芸人を思いうかべてしまうかもしれませんが、このへびつかい座になっている巨人は、アスクレピオスという、ギリシャ神話第一の名医なのです。
彼は人一倍熱心に医療に取り組み、熱心さのあまり、とうとう死んだ人まで生きかえらせるようになってしまいました。困った冥土の神プルトーンが「世の中の秩序が乱れますぞ……」と大神ゼウスに訴え出たため、ゼウスは雷電の矢をアスクレピオスに放ちました。しかし、その才能を惜しみ星座にしたといわれます。

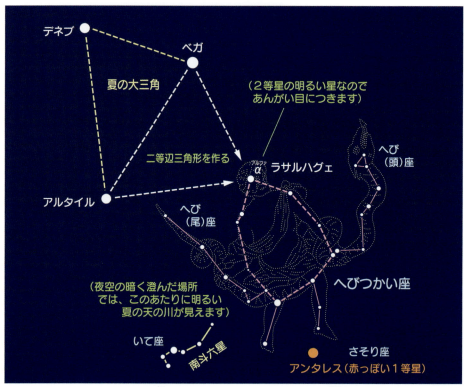

▲へびつかい座の見つけ方　夏の宵の南の空に大きくたちはだかるへびつかい座の五角形は、淡い星ばかりなので、町の夜空では形がとらえにくいものです。最初の目じるしは、五角形のてっぺんのへびつかいの頭にある2等星のアルファ星で、これはあんがい目だっています。

▶**へびつかい座付近** へびつかい座の医神アスクレピオスが、手にする大蛇は、古代ギリシャでは、蛇が脱皮をくりかえすようすを、再生と健康の象徴と見ていたことによるものとされています。へびつかい座の頭のアルファ星の名は「ラサルハグェ」で文字通り"へびつかいの頭"という意味です。なお、へび座の尾の先にある「ポニアトウスキーのおうし座」は、今は使われていないものです。

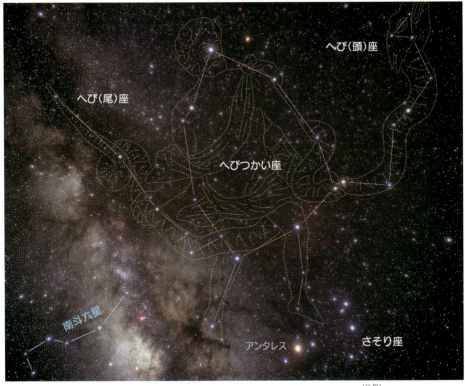

▲**へびつかい座とへび座** へび座は、へびつかい座によって、西の頭と東の尾がわかれわかれになっている星座ですが、実際にさがすときは、へびつかい座もへび座も、一体の星座として見た方がわかりよいでしょう。そのためかなり大きなスケール感で見るようにしなければなりません。

夏の星座を見つけよう

へび座(蛇)

Serpens (略符 Ser)

概略位置	頭赤経15h35m 赤緯+8°
20時南中	頭7月12日，尾8月17日
南中高度	60°
肉眼星数	計35個（5.5等星まで）
面積	計636平方度（順位23）
設定者	プトレマイオス

178ページに紹介してあるへびつかい座の巨人が、その両腕でむんずとつかむのが、この大蛇の星座へび座です。

蛇の星座といっても、へびつかい座になっている医神アスクレピオスが手にするこの大蛇は、古代ギリシャのころ、健康のシンボルと見られていたもので、それは脱皮して再生、回復する蛇のイメージからきているものといわれます。かつてはへびつかい座と一体の星座でしたが、プトレマイオスが48星座をきめたとき独立した「へび座」としたため、今では頭と尾が西と東の二つの部分に大きくわかれわかれになってしまっています。

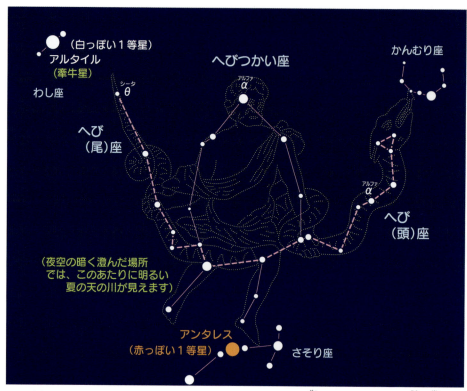

▲へび座の見つけ方　中ほどのへびつかい座によって頭と尾がわかれわかれになってしまっためずらしい星座で、頭は半円形を描くかんむり座のすぐ南に接し、尾は夏の明るい天の川の中で七夕の牽牛星アルタイルの方へのびています。頭部の方が星がたどりやすいといえます。

▲**へびつかい座とへび座** 夏の宵のころの南の空のようすで、将棋のコマのようなへびつかい座の五角形と、それに巻きつくへび座の姿が見えています。といってもへびつかい座の頭の2等のアルファ星のほかに明るい星がなく、町の中では星座の姿が見つけにくいことがあります。

たて座(楯)
Scutum (略符 Sct)

概略位置 ：赤経18h37m 赤緯-10°
20時南中 ：8月25日
南中高度 ：45°
肉眼星数 ：9個（5.5等星まで）
面積 ：109平方度（順位84）
設定者 ：ヘベリウス

夏の宵の南の空の天の川が、一段と明るく盛りあがったところにあるたて座は、17世紀のポーランドの天文学者ヘベリウスが「ソビエスキーの楯座」として設定したものです。

ソビエスキーは、1683年にオーストリアのウィーンに攻め寄せてきたトルコの大軍を破って勇名をはせたポーランド国王ヤン三世のことで、その勝利に大感激したヘベリウスが設定したものです。つまり、史実をもとにつくられた唯一のめずらしい星座というわけですが、今ではソビエスキーの名は消え、単にたて座とだけよばれています。

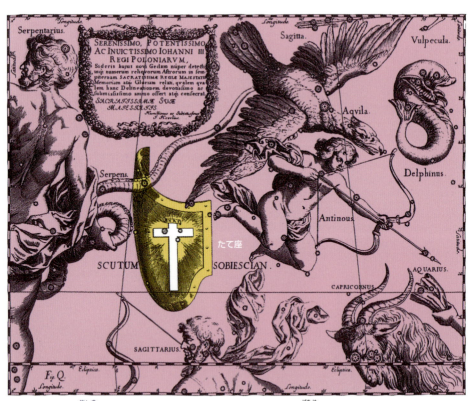

▲ヘベリウスの星図にあるたて座　ヘベリウスはポーランド国王ヤン三世の厚遇を受けており、ヘベリウス自身の星図書を刊行したとき、トルコの大軍を撃破した王（当時の名はソビエスキー）が使った楯に、聖なるものとして王が守護した十字架を描いて星座としました。

▲**スモール・スター・クラウド** たて座は、いて座の大きな天の川の光芒"グレート・スター・クラウド"から少し離れたところで、再び明るさが増している"スモール・スター・クラウド(小さな星の雲)"の部分に重なっていますので、星を結ばなくても位置はすぐつかめます。

こと座(琴)

Lyra (略符 Lyr)

概略位置：赤経18h49m 赤緯+37°
20時南中：8月29日
南中高度：90°（天頂）
肉眼星数：26個（5.5等星まで）
面積　　：286平方度（順位52）
設定者　：プトレマイオス

　7月7日の夜、織女星と牽牛星の二つの星が、年に一度のデートを楽しむ七夕伝説は誰でも知っているお話ですが、その七夕の織女星ベガが明るく輝いているのがこと座です。
　琴といっても日本風のものではなく、ギリシャ神話第一の音楽の名手オルフェウスがたずさえていた、西洋の竪琴をあらわした星座です。
　夏の宵の頭上で七夕の織女星ベガの青白いダイヤモンドのような輝きと4個の星が描く小さな四辺形は、星座としてはむしろ小さなものですが、ひと目でそれとわかるほどはっきりしています。

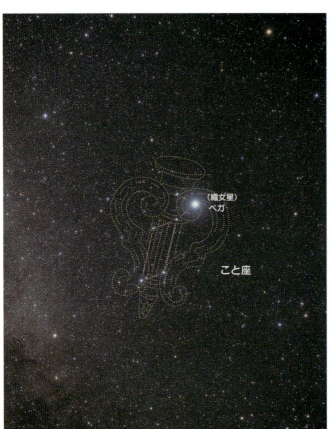

▲こと座　グロティウスの古星図に描かれた西洋の竪琴の姿です。

◀こと座　夏の夜の女王の輝きにたとえられるベガの存在がなんといっても大きく、小ぶりな星座なのに夏の夜空では、大きな星座よりも圧倒的に目につきやすいといえます。

▲東に昇った夏の大三角　7月7日の七夕の宵のころは、七夕の織女星ベガと牽牛星アルタイルがまだ東に昇ったばかりなので目につきにくく、しかも梅雨の盛りで晴れるチャンスも少ないので、七夕はやはり8月に入ってからの旧七夕の伝統的七夕の日のころが似あっているといえます。

▲織女星ベガ　明るさ0.0等星は、21個の1等星の中で第5位にランクされるすばらしいものです。実体は距離25.3光年のところにある、太陽の直径の3倍もの大きさのある表面温度9500度という高温星です

▲牽牛星アルタイル　明るさ0.8等で織女星ベガより少し暗めです。距離16.8光年のところにある直径が太陽の1.7倍、表面温度8200度の星です。秒速200キロメートルの猛スピードで自転しているため、平べったい形になっています。

七夕

美しい笹飾りを立てて祝う七夕の行事は、とても楽しいものですが、実際の星空で牽牛、織女が近づいて見えるというわけではありません。この二つの星は、おたがい光のスピードで出かけても14.8年かかるほど離れているので、年に一度のデートなんてムリというわけです。

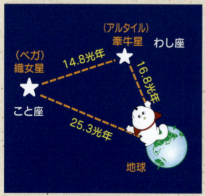

▲牽牛と織女の距離

▲豪華な七夕飾り（仙台市）

★星座物語

こと座

★あの世の国へ

竪琴の名手オルフェウスは、亡くなった妻エウリディケのことが忘れられず、ついに連れ帰ることを決心してあの世の国へ出かけていきました。

オルフェウスの悲しみに満ちた琴の音を耳にすると、あの世の国の人びとも死んでいないオルフェウスの姿を見ても黙って通してくれるのでした。

やがてあの世の国の大王プルトーンの前に立ったオルフェウスは、心をこめて琴をひき「今一度、妻をかえさせたまえ」と訴えました。

「そんな前例のないことができるわけがないではないか」とオルフェウスの願いに耳をかさなかった王も、その悲しみに満ちた音色に心を動かされ、妻エウリディケを連れ帰ることを許し、次のように言い約束させました。

「地上に出るまでけっして妻の方をふりかえってはならぬぞ……」

★消えたエウリディケ

しかし、あと一歩でこの世の出口まできたとき、オルフェウスはがまんしきれず、思わず妻の方をふりかえってしまったのでした。「あっ」、そのとたん妻エウリディケの姿は小さな声とともにあの世の国へ引きもどされ煙のように消えてしまったではありませんか。

悲しみにくれるオルフェウスは、山野をあてどもなくさまよい歩き、静かな夜には、今でもその悲しみに満ちた、琴の音が星空から聞こえてくるといわれます。

夏の星座を見つけよう

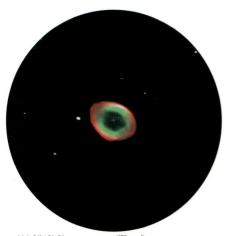

▲**環状星雲M57** 小さな煙の輪のような姿が、小望遠鏡でもよくわかる惑星状星雲です。

▲**落ちる鷲** 1等星ベガのアラビア語の名の意味は、189ページにもあるように「落ちる鷲」です。

わし座(鷲)

Aquila (略符 Aql)

概略位置　：赤経19h37m 赤緯+4°
20時南中　：9月10日
南中高度　：58°
肉眼星数　：47個（5.5等星まで）
面積　　　：652平方度（順位22）
設定者　　：プトレマイオス

　夏の宵のころ、頭上に横たわる天の川の東岸で輝くのが、七夕の牽牛星としておなじみのわし座の1等星アルタイルです。両わきに3等のベータ星とガンマ星の二つをしたがえて一直線にならぶようすは、オリオン座の三つ星やさそり座のアンタレスの三つの星に似ていて、夏の夜空では非常によく目につきます。昔のアラビアではアルタイルと、その両わきの星の三つの一直線で翼をひろげて飛ぶ鷲の姿を見ていましたので、ずいぶん小さな星座だったことになります。
　ギリシャ神話では、この鷲は大神ゼウスの使いの鳥として毎日下界を飛びまわり、いろいろな情報をゼウスに伝える役目をしていた黒鷲とされています。

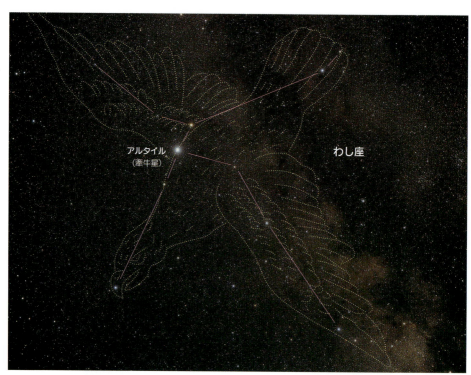

▲わし座　この黒鷲は、大神ゼウスがオリンポスの宮殿で開かれる酒宴の席で、神々にお酒のお酌をする役目をさせるため、美少年ガニメデスをさらってきたときに自ら変身した姿だともされ、事実、わし座と秋の星座のみずがめ座のガニメデス少年とは、隣りあわせになっています。

▶飛ぶ鷲と落ちる鷲　アラビアでは、1等星アルタイルと両わきの星でつくる一直線を、翼をひろげて砂漠の空を悠然と舞う鷲の姿に見たて、「飛ぶ鷲」という意味の名をアルタイルにつけました。一方、こと座の織女星ベガの名の意味は「落ちる鷲」で、これはベガのすぐ近くのエプシロン星とゼータ星を結んだ逆さV字形を、翼をたたんで急降下する、鷲の姿に見たてたものです。

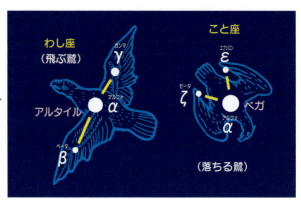

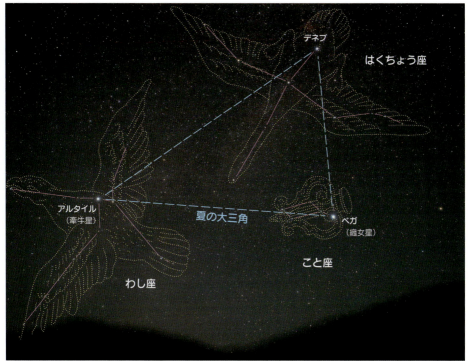

▲西へ傾いた夏の大三角　七夕伝説の牽牛星の日本でのよび名は「彦星」です。これは男の敬称なので彦星とは「男の星」という意味のよび名というわけです。この彦星は両わきの二つの小さな星とともに「犬飼い星」、「犬引きどん」、「牛飼い星」などともよばれて親しまれていました。

夏の星座を見つけよう

はくちょう座(白鳥)

Cygnus(略符 Cyg)

概略位置　：赤経20h34m 赤緯+45°
20時南中　：9月25日
南中高度　：北80°
肉眼星数　：79個（5.5等星まで）
面積　　　：804平方度（順位16）
設定者　　：プトレマイオス

夏から秋にかけての宵のころ、頭上には、ほのぼのと天の川がかかり、その流れをはさんだ東西の両岸には七夕の牽牛星アルタイルと織女星ベガの二星が輝いています。そして、これにはくちょう座の尾に輝くデネブを結びつけると、3個の1等星で天の川の中にみごとな「夏の大三角」ができあがります。この大きな三角形の中に長い首をつっこむようにして飛ぶのがはくちょう座で、尾に輝くデネブからくちばしのアルビレオまで5個の星をクロスさせて描く大きな十文字は、夏の宵の頭上を見あげさえすれば、ひと目でそれとわかるほどのみごとさです。

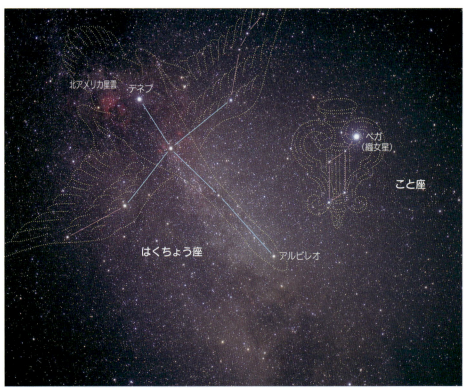

▲はくちょう座　南半球にかかる有名な南十字星に似ているところから、はくちょう座の大きな十文字は「北十字星」ともよばれています。南十字星よりはるかに大きなこの十字からは、大神ゼウスが変身した大きな白鳥が天の川にそって飛ぶ姿が、すぐイメージできることでしょう。

▲**はくちょう座** 白鳥の正体は大神ゼウスの化身とか、隣りの竪琴の名手オルフェウスがこと座のそばに白鳥の姿になっておかれたものだとか、エリダヌス川に落ちたファエトン少年を天の川の中に首をつっこんでさがす、親友キクヌスの姿だとかいわれています。

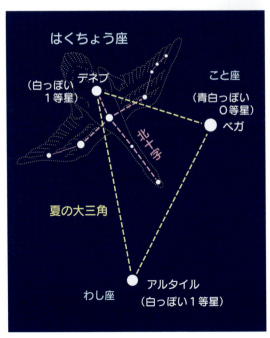

▲**夏の大三角** 七夕の織女星ベガと牽牛星アルタイル、それにはくちょう座のデネブの3個の1等星を結んでできるのが、夏の星座さがしのよい目じるしになってくれる「夏の大三角」です。ただ、ベガの25光年、アルタイルの17光年にくらべると、デネブは距離1424光年の遠さにあるので、この三角形は太陽の直径の20倍もある青白色の超巨星デネブの方で、おそろしく奥深くひっこんだ三角形だとわかります。

◀**はくちょう座の見つけ方** 夏の大三角の中に首をつっこむようにして描く十文字は、ほとんど頭の真上にやってくるので、天の川の見えないような町の中でも、あんがい見つけやすいものです。

◀西へしずむ北十字　西の地平線に下がっていくはくちょう座の十文字は、まるでキリスト教の十字架のように見えます。キリスト教の聖人の姿におきかえられたキリスト教の星座では、この十文字はずばり「キリストの十字架」とよばれ、キリスト教星図にも、殉教者で聖女のヘレナが抱く、大きな十字架の星座として描かれています。

▲キリスト教星図のはくちょう座の十字架

北アメリカ星雲とアルビレオ

▲北アメリカ星雲

北アメリカ星雲は、北アメリカの地図にそっくりな姿をした散光星雲で、1等星デネブのそばに肉眼でもごく淡く見えています。はくちょう座のくちばしに輝く3等星のアルビレオは色の美しい二重星のペアで、小望遠鏡でもきれいに見えます。

▲アルビレオ

★星座物語

はくちょう座

★白鳥の卵をうんだレダ

たいへんな美女と評判の高いスパルタ王の妃レダを見そめた大神ゼウスは、一計を案じ、「愛と美の女神アフロディテの化けた鷲に、白鳥に化けたゼウスが追われ、レダのひざもとに逃げこむ」という芝居を思いつきました。

鷲に変身したアフロディテと、白鳥に変身したゼウスの迫真の演技は大成功をおさめ、レダは、鷲に追われたあわれな白鳥を抱きよせると、「おお、かわいそうに」といいながら、これをかくまってやりました。

やがて大神ゼウスの化身の白鳥が飛び去ると、レダは大きな二つの卵をうみおとしました。

この二つの卵からは、それぞれ双子が生まれ、一方の卵からはふたご座のカストルとポルックスの男の双子が、もう一方の卵からは、あのトロイ戦争の原因になった美女、ヘレンとクリュタイメストラという女の双子が生まれたといわれます。

夏の星座を見つけよう

▲レダと白鳥（ティントレット画）

とかげ座(蜥蜴)

Lacerta(略符 Lac)

概略位置　：赤経22h25m 赤緯+46°
20時南中　：10月24日
南中高度　：北79°
肉眼星数　：23個（5.5等星まで）
面積　　　：201平方度（順位68）
設定者　　：ヘベリウス

　夏のはくちょう座から続く明るい天の川が、秋の淡い天の川へと移りかわろうとするあたりにあるのがとかげ座です。しかし、5個ばかりの淡い星がギザギザのW字形に折れ曲がっているのを見つけるのは、夜空の暗く澄んだ場所でさえとらえにくいものです。この種の星座にありがちなように、これも17世紀の天文学者ヘベリウスが新しく加えたものです。

▲ヘベリウスのとかげ座　彼自身の星図書には、"とかげ座"とも"いもり座"とも書かれており、かなりあやふやな星座名だとわかります。

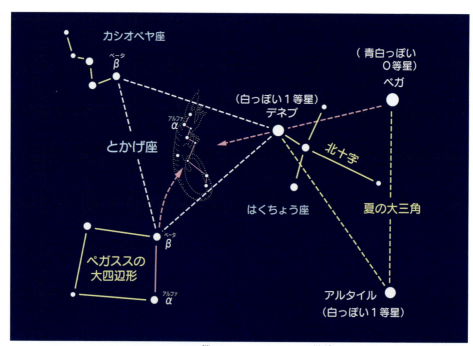

▲とかげ座の見つけ方　秋の天の川の中に半ばうもれるようにして見えている淡い小星座ですが、およその位置は、むしろペガススの前足の北あたりと、見当づけた方がよいといえます。しかし、星が淡く形もはっきりしていませんので、町の中ではとても見つけられない星座です。

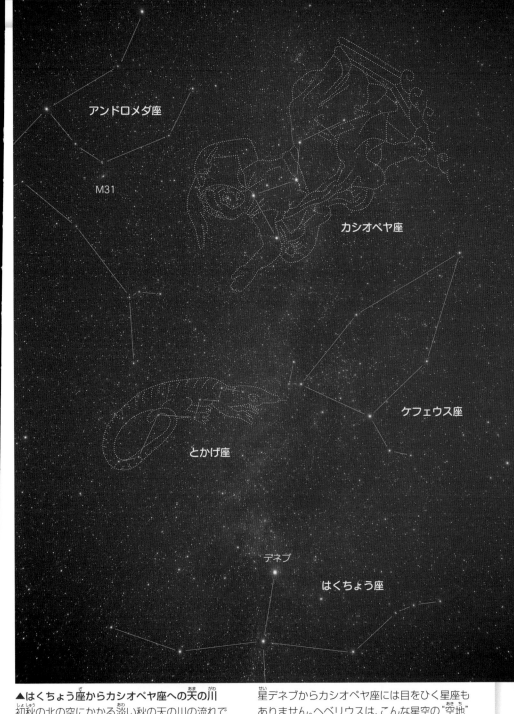

▲はくちょう座からカシオペヤ座への天の川
初秋の北の空にかかる淡い秋の天の川の流れですが、夜空の暗い場所でははくちょう座の1等星デネブからカシオペヤ座には目をひく星座もありません。ヘベリウスは、こんな星空の"空地"を利用して、10もの新星座を設定したのでした。

や座(矢)
Sagitta (略符 Sge)

概略位置 ：赤経19h37m 赤緯+19°
20時南中：9月12日
南中高度 ：73°
肉眼星数 ：8個（5.5等星まで）
面積　　：80平方度（順位86）
設定者　：プトレマイオス

全天で三番目という小さな星座ですが、4個の星が一文字を描いた姿は、夏の天の川で意外によく目につきます。
愛の神エロスがこの矢の持ち主で、この矢に射られると神々でさえ恋心をいだくようになったと伝えられています。

▲わし座とや座　グロティウスの古星図には、大神ゼウスの使い鳥の大きな鷲が矢をわしづかみにするように描かれています。

◀や座　夏の宵の頭上にかかる夏の大三角や、わし座の1等星アルタイルを目じるしにすると、や座、いるか座といった小さな星座はすぐに見つけだせます。エロスの持つ黄金の矢は、人びとに恋心を起こさせましたが鉛の矢の方は、炎のような恋もいっぺんに冷めてしまうというものでした。エロスは、これらの矢でオリンポスの神々の間をさんざんいたずらしてまわり、悩ませたといわれます。

こぎつね座(小狐)

Vulpecula(略符 Vul)

概略位置　：赤経20h12m 赤緯+24°
20時南中　：9月20日
南中高度　：79°
肉眼星数　：29個（5.5等星まで）
面積　　　：268平方度（順位55）
設定者　　：ヘベリウス

17世紀のポーランドの天文学者ヘベリウスが、はくちょう座のすぐ南に接して設定したもので、彼の星座名は「小狐と鷲鳥」または「鷲鳥をもつ小狐」でしたが、今は鷲鳥の方は消え、単に「こぎつね座」とだけよばれるようになっています。

▼こぎつね座

▶こぎつね座の見つけ方　ヘベリウスによれば「近くに鷲や禿鷹などがあるのだから、鷲鳥を口にくわえた狐の姿は、この位置に最も似つかわしいのではなかろうか……」というものでした。彼の言う禿鷹とははくちょう座のことです。

▲あれい状星雲M27　鉄亜鈴に似るところから、この名のある惑星状星雲で、双眼鏡でさえ形のわかる見ものです。

いるか座（海豚）
Delphinus（略符 Del）

概略位置：赤経20h39m 赤緯+12°
20時南中：9月26日
南中高度：67°
肉眼星数：11個（5.5等星まで）
面積：189平方度（順位69）
設定者：プトレマイオス

わし座の1等星アルタイルの東側に小さな菱形の星のならびがあることは、夏の宵の空高く目を向ければすぐにわかります。これが海神ポセイドンの使いと信じられていたいるか座で、ギリシャ神話では、海に飛びこんだ楽人アリオンを助け岸に送りとどけたいるかとされています。

▼いるか座

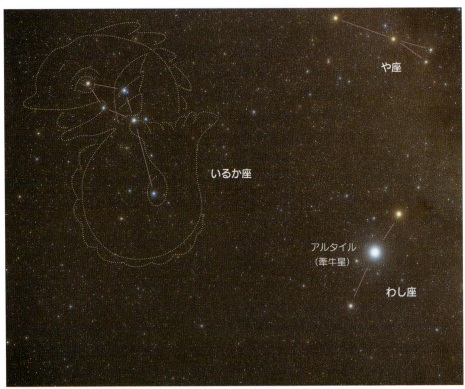

▲いるか座　七夕の牽牛星、つまり、わし座の1等星アルタイルのすぐ東よりのところで4個の星が描く、小さな菱形の星のならびがいるか座です。小さくまとまってひと目でそれとわかり、海面に勢いよく飛びはねるいるかのイメージも、すぐ思いうかべられることでしょう。

こうま座（小馬）
Equuleus（略符 Equ）

概略位置　：赤経21h08m 赤緯+8°
20時南中　：10月5日
南中高度　：62°
肉眼星数　：5個（5.5等星まで）
面積　　　：72平方度（順位87）
設定者　　：プトレマイオス

ペガスス座のすぐ鼻先に、これと重なるように小さな馬の顔だけで描きだされた星座ですが、目につく菱形の星のならびのいるか座とならんでいることもあって、小さく淡いわりに見つけやすい星座といえます。この小馬は、ペガススの弟馬ケレリスともいわれています。

▶こうま座　ペガスス座の鼻先といるか座の間にあるごく小さな淡い星座ですが、位置さえつかめればあんがいわかりよいものです。

▲ペガスス座とこうま座　なにしろ小馬の頭だけの星座ですから、かつての星座名は「馬の一部」とか「馬の頭」、「第一の馬」などと、さまざまによばれていたといわれます。ペガスス座の鼻先の3等星と、いるか座の菱形の中間あたりと見当づければすぐ見つけだせます。

夏の星座を見つけよう

秋の星座を見つけよう

地上の景色に似て、明るい星のない秋の星空はいささかさみし気ですが、ひとつの神話劇が華やかにくりひろげられる、ロマンあふれる星空でもあります。

▲秋の星空　星空全体のようすで、円の中心が頭の真上"天頂"にあたります。緯度別の星空の見える範囲のちがいも示してあります。

▶秋の星座たち　秋の宵のころ南の空に見える星座たちの絵姿をあらわしたもので、アンドロメダ座のあたりが頭の真上になります。

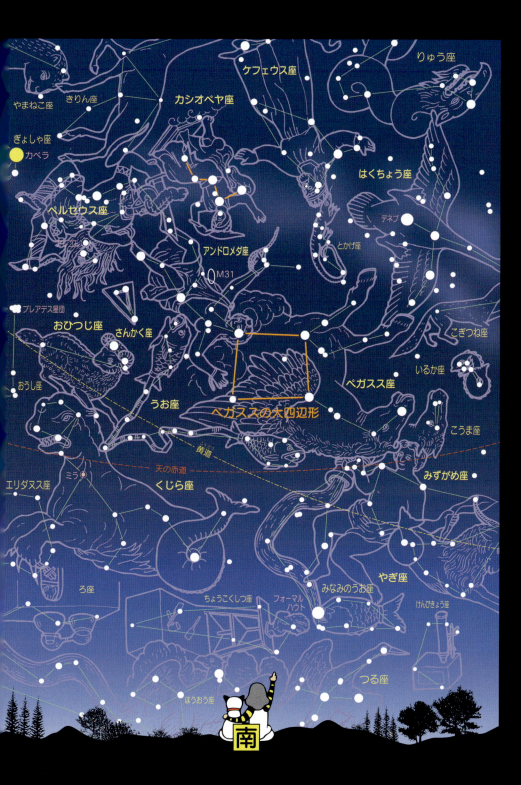

▲アピアヌスの古星図（1540年）　左下よりの部分に秋の星座が見えています。

◀秋の星座　秋の夜空には明るく目をひくほどの星がないので、夜空がネオンや外灯で明るい町の中での、星座ウォッチングはかなりむずかしいというのが実際のところでしょう。しかし、秋の星座は古代エチオピア王国にくりひろげられる、星座神話劇に登場する人物や動物たちでおおいつくされ、一大ロマンの絵巻物を見るような楽しさが味わえますので、夜空の暗い場所でしっかり見あげてみてほしいものです。

▲秋の星座の見つけ方　淡い星ばかりの秋の星座たちを見つけだす目じるしの"ペガススの大四辺形"自身がけっして明るい星のならびではないというのも、いかにも秋の星座らしいところですが、とりあえず秋の夜空を真四角にしきるような、この大きな四辺形を見つけだし、手がかりにするのがよいといえます。四辺形の各辺をあちこちに延長して、お目あての淡い星や星座の位置の見当をつけるようにするわけです。

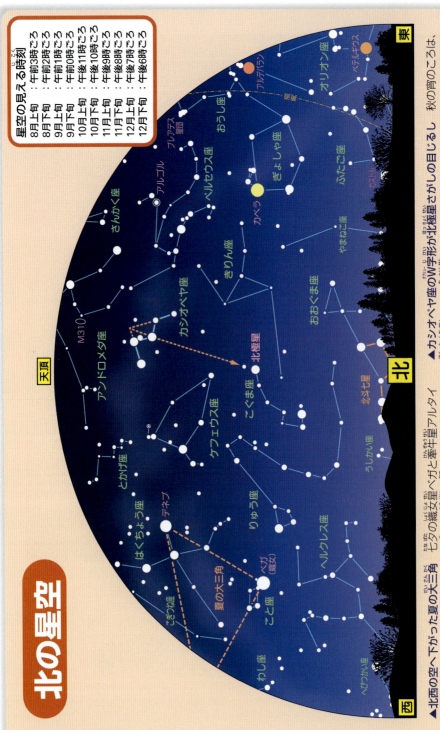

南の星空

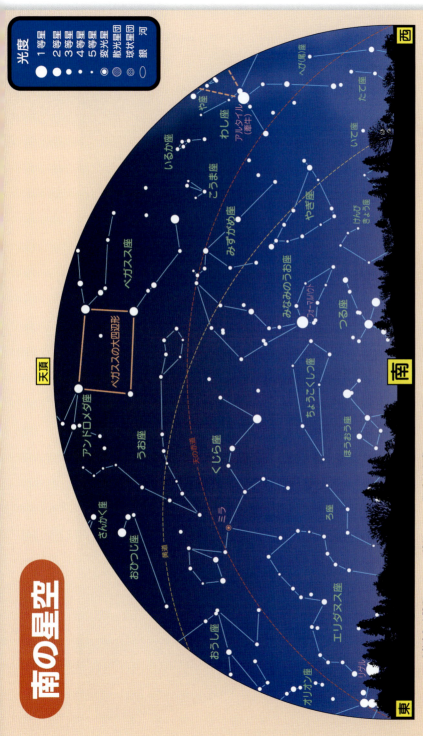

▲くじら座の長周期変光星ミラにご用心　秋の星座神話劇の中での唯一の悪役星座くじら座が、その巨体を南の空にに横たえています。注意したいのは、その心臓の位置に輝くミラで、2等星から10等星まで大きく明るさを変えているので、見える秋もあれば見えない秋もあります。

▲秋の星座さがしの目じるし"ペガススの大四辺形"　頭上高く4個の星が夜空を真四角にしているようにならんでいるのが目にとまります。秋の星座さがしの目じるしとなるペガススの大四辺形です。南の空で目をひく明るい星は秋の夜での唯一の1等星フォーマルハウトです。

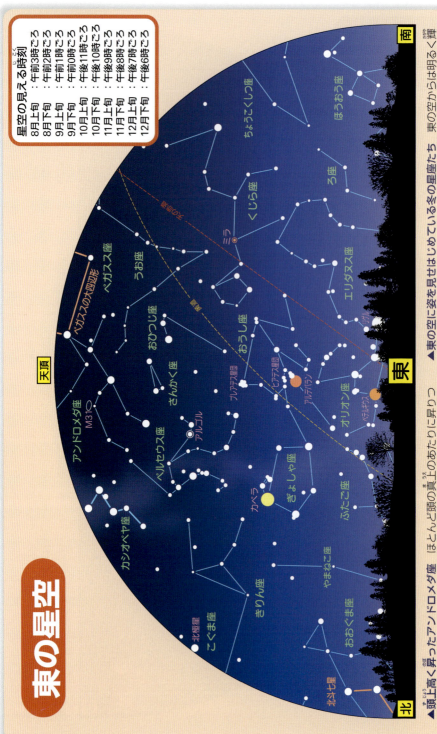

東の星空

星空の見える時刻	
8月上旬	：午前3時ごろ
8月下旬	：午前2時ごろ
9月上旬	：午前1時ごろ
9月下旬	：午前0時ごろ
10月上旬	：午後11時ごろ
10月下旬	：午後10時ごろ
11月上旬	：午後9時ごろ
11月下旬	：午後8時ごろ
12月上旬	：午後7時ごろ
12月下旬	：午後6時ごろ

▲頭上高く昇ったアンドロメダ座　ほとんど頭の真上のあたりに昇りつめているアンドロメダ座は、ペガススの大四辺形の一角の星とつらなっていますので、それを目じるしにすれば見つけられます。夜空さえ晴れれば、アンドロメダ座の淡い銀河M31の姿も肉眼で見ることができます。

▲東の空に姿を見せはじめている冬の星座たち　東の空からは明るく輝く冬の星座たちが登場しはじめています。まず目につくのは、ホタルの群れのようなプレアデス星団（日本名はすばる）と、ピアデス星団のV字形の星のならびでしょう。この二つの星団はおうし座にあるものです。

西の星空

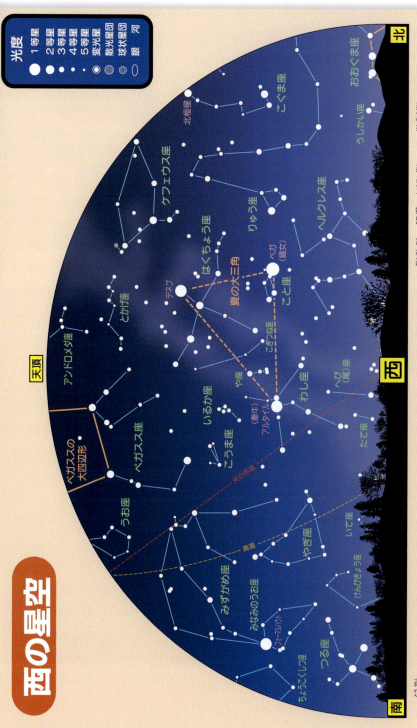

▲1等星フォーマルハウト 秋の南の空低く、白くく明るい星がぽつんと輝いて見えています。秋の夜空では唯一の1等星で、明るめの星の少ない秋の星空にあって、この星だけは肉眼の中でも目だってうつっています。南に低い星空なので、視界の開けた場所でないと見つけにくいこともあります。

▲西に下がった夏の大三角 七夕の織女星ベガと牽牛星アルタイル、それにはくちょう座のデネブの3個の明るい星でつくる夏の大三角が西の空でまだ見えています。頭上高く見えているときにくらべ、低くかたむいた夏の大三角が、大きさく感じられるのに驚かされることでしょう。

秋の星座を見つけよう

カシオペヤ座
Cassiopeia (略符 Cas)

概略位置　：赤経1h16m 赤緯+62°
20時南中：12月2日
南中高度：北63°
肉眼星数：51個（5.5等星まで）
面積　　：598平方度（順位25）
設定者　：プトレマイオス

秋の日暮れのころ、北の空を見あげると町の中の夜空でさえ、明るい5個の星がギザギザのW字形に……というより、やや足の開いたM字形といった方がよいかもしれませんが、そんなふうにならんでいるのがわかります。それが古代エチオピア王国の王妃のカシオペヤ座の姿です。

▲北極星の見つけ方

▲**カシオペヤ座**　自分と娘の器量自慢をしすぎたため、古代カシオペヤ王国に不幸をもたらすことになってしまった王妃の姿をあらわしたのが、このカシオペヤ座です。秋の星座神話劇の発端となった人物の星座ですから、まず、このW字形から見つけだすのがよいといえます。

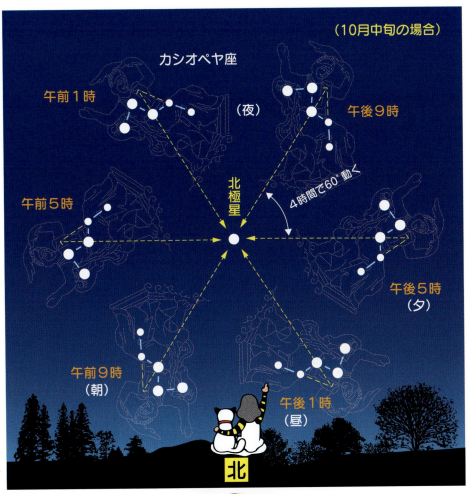

▲**カシオペヤ座の動き** 一年中北極星のまわりをめぐって地平線下に入って休むことのないカシオペヤ座は、高言のむくいで椅子にしばりつけられたまま、一日に一度は逆さまにされる運命になってしまったといわれています。たしかに、カシオペヤ座のW字形は一年中いつでも北の空のどこかしらには見えていて、W字形になったりM字形になったり、じつにさまざまな姿勢になって星空にさらされ続けています。

▼カシオペヤ座

▲**北斗七星とカシオペヤ座** 夏の宵のころの北西の空には北斗七星が、北極星をはさんでその反対側の北東の空には、カシオペヤ座が見えています。北斗七星とカシオペヤ座は、北極星をはさんで正反対に見えており、どちらかが北極星を見つけるのに必ず役立ってくれます。

染められた手

昔、アラビアでは、ペルセウス座からカシオペア座のW字にのびる星のならびを手と見て、その指さきにあたるW字は、この地方の草の汁のマニキュアで染めた手の指と見ていました。

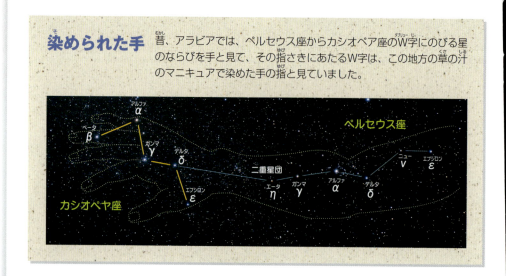

カシオペヤ座

▲地平低く下がったカシオペヤ座 夏冬の夜明け前の北の空低く下がったカシオペヤ座は、W字形の文字のままのかっこうで見え、北緯およそ35度より北よりの地方では地平線下にしずむことなく、一年中北の空のどこかしらに見えていることになります。

W字形の見たて方

カシオペヤ座のW字形のギザギザは、よく目につくところから、さまざまな姿形に見たてられてきました。ラクダのコブはアラビアでの見方です。

▲山形星（九州・四国）

▲錨星（日本）

▲ラクダのコブ

秋の星座を見つけよう

ケフェウス座

Cepheus（略符 Cep）

概略位置	赤経2h15m 赤緯+70°
20時南中	10月17日
南中高度	北55°
肉眼星数	57個（5.5等星まで）
面積	588平方度（順位27）
設定者	プトレマイオス

秋の宵の北の空を見あげると、夏のはくちょう座の1等星デネブのあたりから続く夏の川が、少しずつ明るさを弱めながら、そのままカシオペヤ座のW字形へつながっているのがわかります。もちろん、淡い天の川なので、町の中ではそんな光景はながめられませんが、その秋の天の川の途中の、やや北よりのところで、ごく淡い5個の星で五角形をつくっているのが、古代エチオピア王国のケフェウス王の姿をあらわしたケフェウス座です。北極星に近いため、一年中いつでも見られますが、宵の見ごろとなるのは、やはり秋のころとなります。

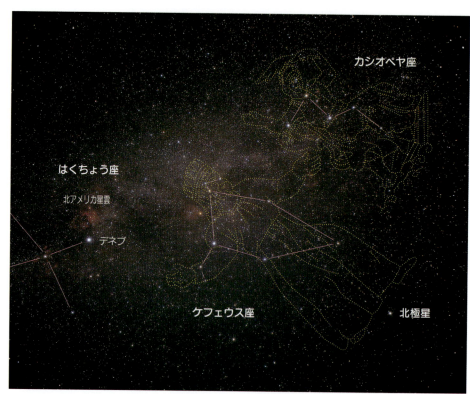

▲ケフェウス座　ケフェウス座の五角形は、子どもの描くとんがり屋根の家に似た形といったイメージの星のならびです。秋の天の川に近くて、その淡い姿は、秋の星座神話劇で大した役割をはたしていない国王そのもののようで、やや影の薄い存在の星座といえます。

▶**ケフェウス座** 古代ギリシャの天文詩には「この不運なる国王一家も星となり、王はこぐま座キュノスラ（北極星）の後方におかれ、両手をひろげて立つ……」と詠まれています。なお、ケフェウスの頭にあるデルタ星は、宇宙の距離をはかる宇宙の灯台的な役割を果たしてくれているケフェウス座デルタ星型の代表的な変光星で、5日と8時間48分という正確な周期で3.5等から4.5等まで、規則正しく明るさを変えています。

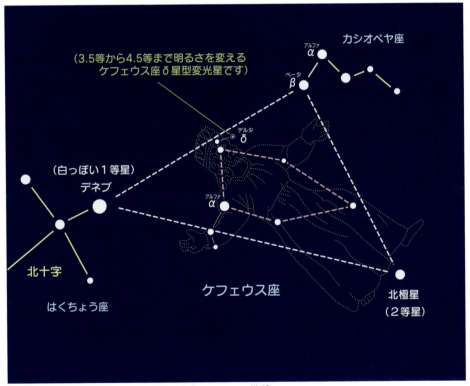

▲**ケフェウス座の見つけ方** 大まかな位置は、はくちょう座の1等星デネブと北極星、それにカシオペヤ座のW字形を結ぶ三角形の中ほどと見当づければつかめます。ただし、2.4等星のアルファ星以外は暗い星ばかりなので、ケフェウス王の姿の五角形はわかりにくいかもしれません。

アンドロメダ座
Andromeda（略符 And）

概略位置　：赤経0h46m 赤緯+37°
20時南中　：11月27日
南中高度　：90°（天頂）
肉眼星数　：54個（5.5等星まで）
面積　　　：722平方度（順位19）
設定者　　：プトレマイオス

秋の宵、頭上にかかるペガススの大四辺形の左上隅の星から、北東に向かって開くV字形を横に寝かせたような形にならぶのが、古代エチオピア王国の王妃カシオペヤの美しさ自慢の虚栄心の犠牲となって、海獣ティアマトの生贄にささげられた、アンドロメダ姫の姿をあらわしたアンドロメダ座です。ペガススの大四辺形に頭を接しているので、その姿は見つけやすいといえます。

▲ペルセウス座とアンドロメダ座

▲アンドロメダ座の見つけ方　アンドロメダ姫の頭に輝く2等星アルファは、ペガススの大四辺形の一角をつくる星ですから、アルファ星を出発点にすればアンドロメダ座のV字形に開いて、北東のペルセウス座の方へとのびる、二列の星列はたどりやすいといえます。

▶**アンドロメダ座** 注目したいのは、アンドロメダ姫の腰のあたりに肉眼でも、4等星くらいの光芒としてぼんやり見える、アンドロメダ座の大銀河M31の存在です。10世紀のアラビアの天文学者アッ・スーフィも気づいていて「月のない夜に"小さな雲"が見つかる」と記録しています。中国でも"奎宿の白気"と名づけていました。奎宿はアンドロメダ付近の中国式の星座名のことで、その意味は、なんと「豚」というものです。

▼**双眼鏡で見たM31** 肉眼でもわかりますが、双眼鏡なら夜空の明るい町の中でも、ぼうと細長くのびた姿を見ることができます。

▶**アンドロメダ座大銀河M31** 距離230万光年のところにある星の大集団で、銀河系の2倍もの大きさがあります。30億年もたつと銀河系はこのM31と衝突、吸収合併されてしまう運命にあることがわかってきています。

★星座物語

アンドロメダ座

★王妃の器量自慢

アンドロメダ姫は、古代エチオピア王家（現在のではありません）のケフェウス王とカシオペヤ王妃の間に生まれた美しい王女でした。母親のカシオペヤは、自分自身はもちろん姫の美しさが自慢でならず、「その美しさは、海のニンフ（精）ネレイドの五十人姉妹だとて足下にもおよびますまい……」と口をすべらせるほどになってしまいました。

耳にした海の神ポセイドンは怒りました。
「かわいい孫娘たちの悪口をいいふらすとはけしからぬ……」

それからというもの、ポセイドンは、エチオピアの海岸にお化けくじらティアマトを送って、いろんないやがらせをはじめました。なにしろ、海水を吸ったりはいたりするだけで、大津波が起こるというのですからたいへんなものです。

しかも、その災難から人びとを救うには、アンドロメダを怪獣くじらの生贄にささげるしかないというのが神のお告げです。このことを知った人びとは王宮に押し寄せると、いやがるアンドロメダ姫をひきだして、海岸の岩に鎖でくくりつけ逃げ帰ってしまいました。

★ペルセウス王子の活躍

やがて海獣くじらが真っ赤な口を大きくあけてあらわれ、アンドロメダ姫をひとのみにしようとしたときです。
馬のいななきとともに天空から舞いおりてきて、海獣くじらの前に立ちはだかった勇敢な若者がありました。
髪の毛がすべて蛇で、その顔を見たものは、恐ろしさのあまり、石になってしまうという女怪メドゥサを退治し、その生首を皮袋に入れて帰り途を急ぐペルセウス王子でした。

ペルセウスは、すばやくそのメドゥサの首を皮袋からとりだすと、海獣くじらの目の前につきつけました。
「ギャッ」
そう叫び声をあげた海獣は、たちまち石くじらとなりはて、海の底深くぶくぶくしずんでいってしまいました。
アンドロメダ姫はこうして無事救いだされ、カシオペヤ王妃も王も大よろこび、やがて恋に落ちた二人は、めでたく結ばれることになったといわれます。

▲アンドロメダ座の古星座絵

▲アンドロメダの救出 (モラッツオネ画)

さんかく座（三角）
Triangulum（略符 Tri）

概略位置：赤経2h08m 赤緯+31°
20時南中：12月17日
南中高度：86°
肉眼星数：12個（5.5等星まで）
面積：132平方度（順位78）
設定者：プトレマイオス

秋の宵の頭上では、アンドロメダ座の足下のあたりに3個の星が小さな細長めの二等辺三角形をつくっているのが、すぐ目にとまります。その名もずばりのさんかく座です。注目してみたい天体は夜空の暗く澄んだ場所でなら、肉眼でもなんとか見られる渦巻銀河M33です。

▶さんかく座　小さな三角形の方は、17世紀のポーランドの天文学者ヘベリウスが設定した「小三角座」ですが、現在は使われていません。

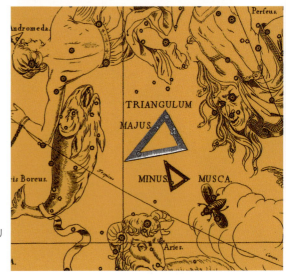

▲双眼鏡で見たM33　さんかく座のアルファ星とアンドロメダ座のベータ星の間にあり、双眼鏡ならぼんやりひろがる光芒がわかります。

▲望遠鏡で見たM33　アンドロメダ座の銀河よりは淡いものですが、渦巻構造などは思ったよりよく見え、興味深い見ものといえます。

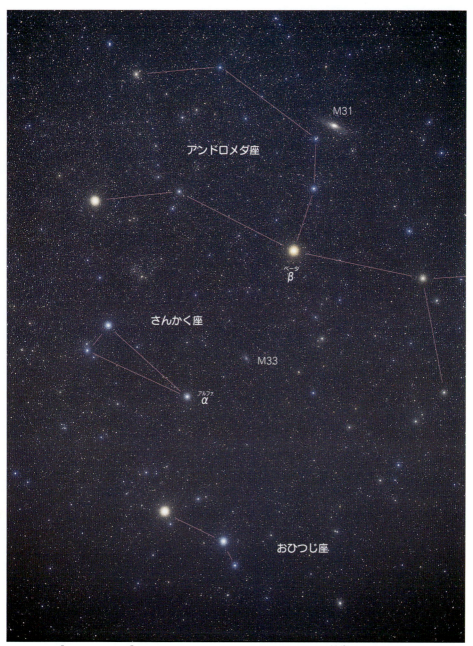

▲さんかく座　すぐ南に3個の星でつくる小さな星のならびがありますが、これはおひつじ座の頭の部分を形づくるもので、さんかく座とこれを見まちがえる心配はまずありません。さんかく座での注目天体は渦巻銀河M33の淡い光芒で、250万光年のところにあります。

秋の星座を見つけよう

ペルセウス座

Perseus (略符 Per)

概略位置　：赤経3h06m　赤緯+45°
20時南中：1月6日
南中高度：北80°
肉眼星数：65個（5.5等星まで）
面積　　：615平方度（順位24）
設定者　：プトレマイオス

　古代エチオピア王家にまつわる星座神話劇の物語の登場順に星座の姿をたどってみるというのが、秋の星座ウォッチング一番の楽しみといえますが、その中で勇士ペルセウスの登場が最後となっています。星空での見え方もそのとおりで、ペルセウス座が頭上高く見えるようになるのは秋の終わりのころになってしまいます。ペルセウス座は秋の星座の中では星が明るく、町の中でも位置さえつかまえれば、あんがいわかりやすいことでしょう。大まかな星の配列は"人"の字形なので、まずばくぜんとそんな星のならびをつかんでみてください。

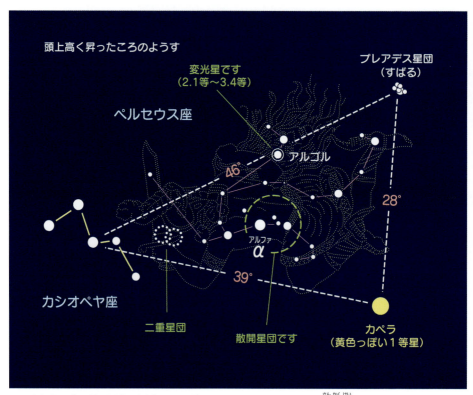

▲**ペルセウス座の見つけ方**　星座のひろがりは、カシオペヤ座のW字形とぎょしゃ座の1等星カペラ、それにおうし座のプレアデス星団を結びつけると、その三角形の中ほどに勇士ペルセウスの姿がおさまります。アルファ星のあたりに星がにぎやかに集まっているのも目じるしです。

▶**ペルセウス座** 勇士ペルセウスがつかむ女怪メドゥサのひたいに輝くアルゴルは、「悪魔の頭」という意味の名前ですが、実際にもそれらしく2日と20時間59分の規則正しい周期で、2.1等から3.4等まで明るさを変えている変光星です。変光の原因は、下のコラムのとおり二つの星がめぐりあうことによるものですが、アルゴルにはこのほかにも第3、第4の星がめぐっているらしい兆候もあって、その名のとおりミステリアスな星の体系であることがわかります。

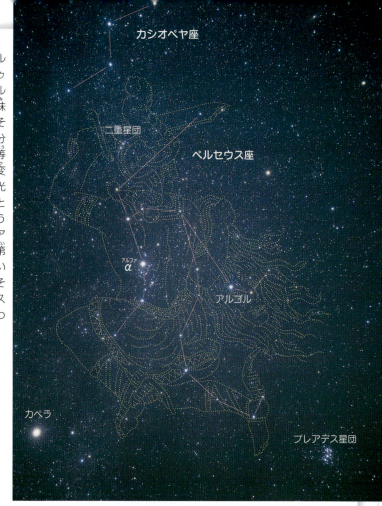

食変光星アルゴル

アルゴルが規則正しく明るさを変えているのは、太陽の直径の3.2倍の白色の高温度星と、それより少し大きめの黄色っぽく暗い伴星の二つがめぐりあい、日食のように相手をかくしたり相手にかくされたりしながら、明るさを変えているものです。

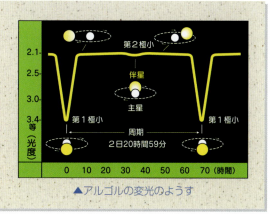

▲アルゴルの変光のようす

◀ペルセウス座の二重星団
勇士ペルセウスがふりかざした長剣の柄あたりの秋の天の川の一部が、明るさを増したように見えるところがあります。双眼鏡を向けると、二つの散開星団らしい、星の集団がぴったりよりそっているものだとわかります。望遠鏡になると無数の星つぶの集まり二つがならんで目のさめるような美しさとなります。距離7172光年のところにある300個と距離7498光年のところにある240個の星からなる二つの散開星団で、その正体は1000万歳くらいの生まれてまだ間もない若い星たちの双子の集団というものです。

ペルセウス座流星群

ペルセウス座は、秋の宵の北の空高く昇って見やすくなる星座ですが、夏の宵のころになると、早くも北東の空低く姿を見せるようになってきます。そのペルセウス座に輻射点をもつ"ペルセウス座流星群"が、8月12～13日ごろをピークに出現しますので注目してみてください。暗夜なら、1時間あたり30個くらいの流星が見られます。

▲ペルセウス座流星群の輻射点

★星座物語

ペルセウス座

★ペルセウスの献上品

若者ペルセウスは、あるとき、島の王ポリデュクテスの酒宴に招かれました。しかし、貧しいペルセウスには、他の招待客のように王への献上品がありません。あざけりの目がペルセウスに向けられたとき、胸をはりこういい放ちました。

「メドゥサの首を献上しましょう」

王は日ごろからペルセウスを快く思っていなかったので、調子にのったこの申し出に思わずニヤリとしました。

メドゥサというのは、ゴルゴンの三姉妹の一人で、髪の毛のひとすじひとすじがすべて生きた蛇で、その顔を見たものは、恐ろしさのあまり、たちまち石になってしまうという怪物です。といってももともとは美しい女性だったのですが、自分の金髪の美しさを自慢しすぎたため、アテナ女神の怒りにふれ、怪物ゴルゴンの一人にされてしまったのでした。

★メドゥサの首

ペルセウスが出かけるとゴルゴンの三姉妹たちは、岩に爪をひっかけたまま眠りこけていました。

ペルセウスは鏡のようにピカピカにみがいた楯を使い、メドゥサを見つけだすと、用心深く後ろ向きに足をしのばせ近づいていきました。すると、そのわずかな物音に気づいた髪の毛の蛇たちがいっせいに目をさまし、鎌首をもたげました。もちろんメドゥサも真っ赤な両目をカッと見ひらきました。が、その瞬間、ペルセウスの剣がひらめき、メドゥサの首は胴を離れころがり落ちました。

メドゥサの首が切り落とされたとき、その血が岩にかかると、中から翼のはえた天馬ペガススが飛びだしてきました。

メドゥサの首をすばやく皮袋の中に入れると、ペルセウスはペガススにうちまたがり空へ飛びあがりました。その途中アンドロメダ姫の危機を救うのですが、そのお話は216ページにあります。

王宮へ帰ると、ペルセウスは「それ、お望みのメドゥサの首だ」とポリデュクテス王たちにつきつけ、王と家臣たちをことごとく石にしてしまったといわれます。

秋の星座を見つけよう

▲髪の毛が蛇のメドゥサ

ペガスス座

Pegasus (略符 Peg)

概略位置　：赤経22h39m 赤緯+19°
20時南中：10月25日
南中高度　：74°
肉眼星数　：57個（5.5等星まで）
面積　　　：1121平方度（順位7）
設定者　　：プトレマイオス

秋の宵の頭上あたりに目を向けると、明るさのそろった2等級台の星4個で、夜空を真四角に仕切るように、淡いながらも大きな四辺形をつくっているのが目にとまることでしょう。

この大きな四辺形が「ペガススの大四辺形」とか「秋の大四角形」などとよばれる、秋の星座さがしのよい指標になってくれる星のならびです。冬の大三角や夏の大三角ほど明るくないのが、いかにも秋の淡い星座さがしの目じるしらしいといえなくもありませんが、とにかく秋の星座さがしは、まず、このペガススの大四辺形を見つけだし、その各辺をあちこちに延長して、淡い星座を見つけだす手がかりにするのがよいといえます。

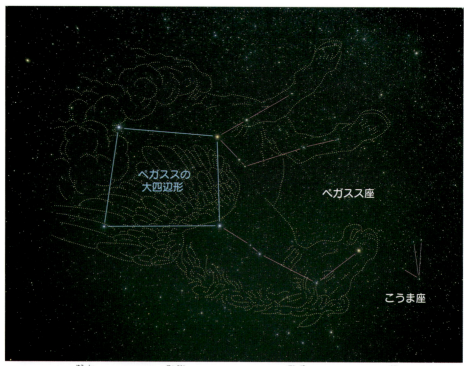

▲ペガスス座　勇士ペルセウスが、女怪メドゥサを退治したとき、その血が岩にしみ、そこから高くいなないて飛び出してきたのが、翼のはえたこの天馬でした。日本では逆さまのかっこうで夜空にかかり、しかも下半身は雲にかくれて見えないとされています。

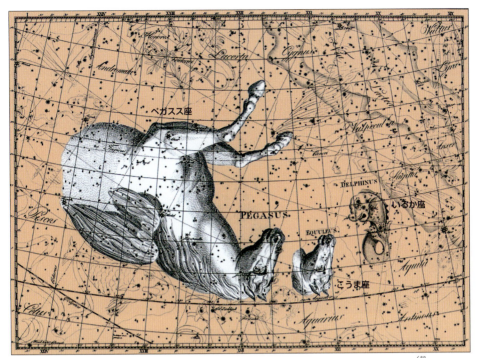

▲ペガスス座とこうま座、いるか座　雪のように白く、銀色の翼をもつ天馬ペガススは、その翼をひろげて自由に大空を飛ぶことができ、ペルセウス王子とともに、海岸の岩に鎖でつながれたアンドロメダ姫をお化けくじらの危機から助けだすのに活躍しています。

大四辺形の中の星

ちょっと目には、ペガススの大四辺形の中は空っぽのように見えます。しかし、目をこらすとあんがい小さな星が見えているのがわかります。目だめしに何個かぞえられるものか、四角形の中の星に注目してごらんになるとよいでしょう。そのとき、見える星をスケッチしておき、あとで右の星図と見くらべてみるのがよいといえます。

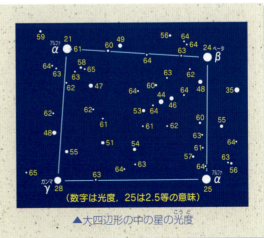

▲大四辺形の中の星の光度

▲東の空から昇るペガスス座
大四辺形の星のうち、美しいアンドロメダ座のひたいに輝くアルファ星は、「馬のへそ」という意味の名"アルフェラッツ"とよばれており、かつては天馬ペガススの"へそ"の星と見られていたことがわかります。

▶西へしずむペガスス座 四辺形の傾きは、昇るときしずむときで大きくかわります。各辺を延長して、星や星座をさがすときには、その傾きに注意しながら秋の淡い星や星座の位置を、見当づけるようにしなければならないわけです。

▲**南半球で見たペガスス座** 日本では逆さまのペガスス座の姿も、オーストラリアなど南半球では、北の空低くふつうのかっこうで夜空を飛んでいくように見えます。これは日本ではお目にかかれない、そんな天馬ペガススのちょっと風変わりな見え方をとらえたものです。

秋の星座を見つけよう

桝形星

ペガススの大四辺形を日本では「桝形星」とよぶ地方もあり、さらにアンドロメダ座の星の列を四辺形の桝に山盛りになった米を棒でかき落とすための"斗搔"と見たてる地方もありました。また、両者のつながったようすは"酒屋の大きな升"ともよばれていました。

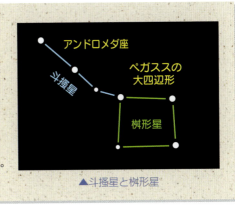

▲斗搔星と桝形星

くじら座(鯨)
Cetus (略符 Cet)

概略位置　：赤経1h38m 赤緯-8°
20時南中：12月13日
南中高度　：48°
肉眼星数　：58個（5.5等星まで）
面積　　　：1231平方度（順位4）
設定者　　：プトレマイオス

秋の夜空にくりひろげられる、古代エチオピア王国の神話劇に登場する唯一の悪役星座で、手足のはえたお化けくじらティアマトというのがその正体です。注目したいのはその心臓に輝く真っ赤なミラで、332日の周期で2等星から10等星まで、大きく明るさを変える変光星なのです。

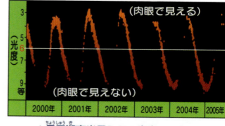

▲長周期変光星ミラの変光のようす

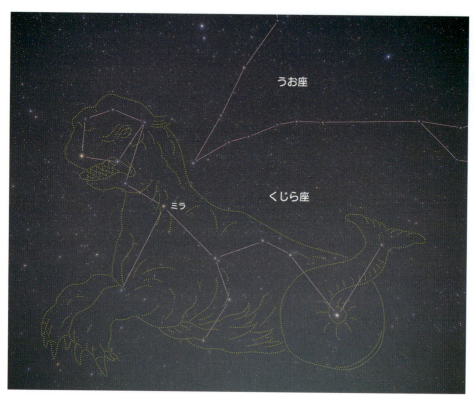

▲くじら座　大きな星座のわりに明るい星がなく、夜空の明るい町の中では、お化けくじらが南の空で巨体を横たえる姿はつかみにくいかもしれません。心臓に位置するミラは、肉眼で見えたり見えなかったりする変光星なので、その明るさ次第で星座のイメージもちがって見えます。

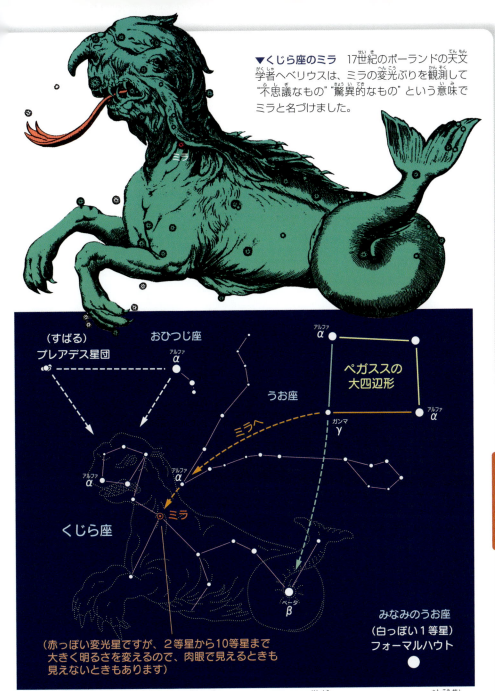

▼くじら座のミラ 17世紀のポーランドの天文学者ヘベリウスは、ミラの変光ぶりを観測して"不思議なもの""驚異的なもの"という意味でミラと名づけました。

（赤っぽい変光星ですが、2等星から10等星まで大きく明るさを変えるので、肉眼で見えるときも見えないときもあります）

▲くじら座の見つけ方 頭のアルファ星と尾のベータ星は2等星なので、あんがい見つけやすく、この二つを結びつければ、くじら座全体のひろがりの見当はすぐつけられます。変光星ミラは年老いて太陽の直径の520倍ちかくふくらんで、不安定になった脈動変光星です。

やぎ座(山羊)
Capricornus (略符 Cap)

概略位置	：赤経21h00m 赤緯-18°
20時南中	：9月30日
南中高度	：37°
肉眼星数	：31個（5.5等星まで）
面積	：414平方度（順位40）
設定者	：プトレマイオス

秋の星座のトップバッターとして宵の南の空に登場してくるのが、小さな星を点点とつらねて逆三角形を描く奇妙な牧神パンの魚山羊の姿をあらわしたやぎ座です。明るく目につく星はないのですが、ぼんやり見あげただけでも、逆三角形の星のつらなりが自然にうかびあがり、意外にわかりよい星座といえます。

▼やぎ座の魚山羊

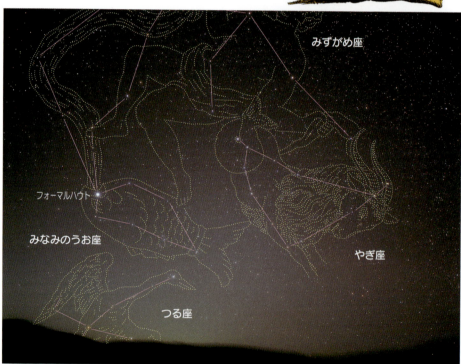

▲やぎ座　1等星フォーマルハウトの西よりで、淡い星ぼしが人の笑った唇のような逆三角形をつくるのがやぎ座です。この三角形は、古代ギリシャでは、人間が昇天するときの入り口と見られ、「神々の門」ともよばれていました。やぎ座は12月21日～1月20日生まれの人の誕生星座です。

★星座物語

やぎ座

★牧神パン

山羊のような姿をした牧神パンはいつも森や谷川に住むかわいいニンフ(精)たちを追いかけては、遊び暮らしているという、いたってのん気な遊び人のような神でした。

神々がナイル川の岸辺で、にぎやかな酒宴を開いたときも、パンは大よろこびででかけ、得意の葦笛を吹きみんなをよろこばせていました。

と、その席へ突然大あばれしながら、乱入してきた者がいました。大神ゼウスさえもてあましたという怪物テュフォンです。その名は台風の語源ともなったという怪物の出現ですから、酒宴の席の神々

▲やぎ座の古星図

も大パニックとなり逃げまどいました。驚いたパンも、大あわてで魚に変身すると、ザブンとばかりナイル川に飛びこみました。

★変身しそこなって……

ところが、あまりにもあわてふためいていたため、水から出ていた頭は山羊のままで、水につかったしっぽだけが魚というなんとも奇妙な"魚山羊"の姿となってしまいました。

大神ゼウスは、パンの大失敗の変身ぶりがおもしろいと、そのときの出来事の記念に、山羊の星座をここにかかげたといわれています。

3等星より淡い星ばかりなので、町の中では逆三角形の変身しそこないのおかしな魚山羊の姿が、ちょっと見つけにくいかもしれません。

▲肉眼二重星　これは双眼鏡でアップして見たようすですが、やぎ座の頭の4.2等のα¹星と3.6等のα²星のペアは、6分16秒角も離れた肉眼でもわかる二重星です。β星も二重星です。

みずがめ座(水瓶)

Aquarius (略符 Aqr)

概略位置 ：赤経22h15m 赤緯-11°
20時南中 ：10月22日
南中高度 ：54°
肉眼星数 ：56個（5.5等星まで）
面積 ：980平方度（順位10）
設定者 ：プトレマイオス

みずがめ座には目をひくほどの星がひとつもないので、秋の宵の南の空に大きくひろがる、水瓶を肩にかつぐ美少年ガニメデスの姿を見つけだすのは、夜空の暗く澄んだ場所でさえ少々やっかいといえるくらいです。まして、夜空の明るい町の中では、南の空がまるで空き家のようにがらんと感じて見えることでしょう。そこで唯一の手がかりとして、南の空低く輝く1等星フォーマルハウトから逆に北にたどって、みずがめ座のおよその位置を見当づけるようにするという方法をとることになりますが、それでもなおわかりにくいことでしょう。

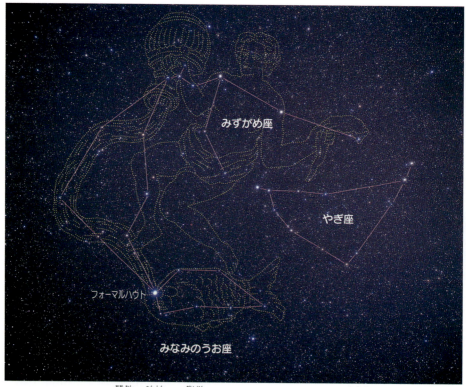

▲みずがめ座　わし座の大鷲に変身した大神ゼウスが、オリンポスの宮殿で開かれる神々の酒宴の席で、酒のお酌をする役目をさせるためさらってきた金色に輝く身体の美少年ガニメデスの姿とされています。みずがめ座は1月21日から2月20日生まれの人の誕生星座です。

▶みずがめ座　原名アクアリウスは「水をもつ男」とか「水を運ぶ男」を意味することばで、古代エジプトでは、男が水源に大きなカメを投げこんで水をくもうとするため、水があふれだし、ナイル川が氾濫するのだと信じられていたといわれます。秋の星座に水に関係する星座が多いのは、太陽がこの付近を通るころが中近東のあたりで雨期だったためともいわれています。

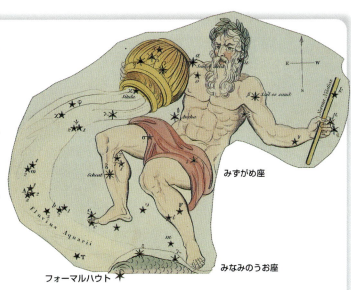

みずがめ座

みなみのうお座

フォーマルハウト

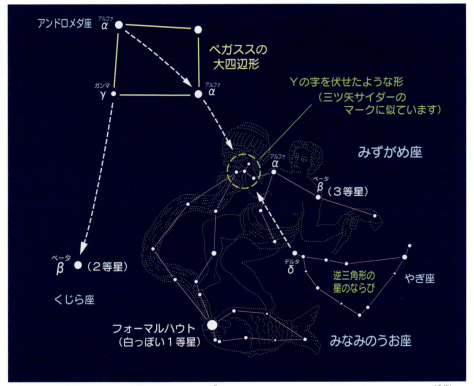

秋の星座を見つけよう

▲みずがめ座の見つけ方　わずかに目をひく部分は、水瓶のところにYの字を伏せたような形に、小さな4個の星がひとかたまりになっているところで、これとみなみのうお座の1等星フォーマルハウトを結びつけると、みずがめ座のおよそのひろがりの見当がつけられます。

うお座(魚)
Pisces (略符 Psc)

概略位置：赤経0h26m 赤緯+13°
20時南中：11月22日
南中高度：68°
肉眼星数：50個（5.5等星まで）
面積：889平方度（順位14）
設定者：プトレマイオス

秋の宵の南の空高くペガススの大四辺形が見えていますが、その大きな四角形の左下の角にくいこむように小さな星を、V字形を寝せたように点々とつらならせて描くのがうお座です。といっても、いささか変わっているのは、たった一匹の魚ではなく、「北の魚」と「西の魚」の二匹の魚がリボンのようなヒモで結ばれた奇妙な形の星座で、この点では中国でのよび名「双魚宮」の方が、イメージしやすいかもしれません。

3等星より淡い星ばかりですから、夜空の明るい町の中で、二匹の魚を描く星のつらなりは見つけにくいことでしょう。

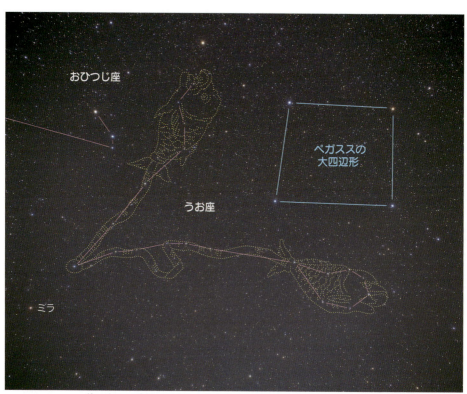

▲うお座　夜空の暗く澄んだ場所なら、ペガススの大四辺形の南東側に"く"の字を強く押しつぶしたような形に小さな星がつらなるようすは、ばくぜんと目をむけただけで浮かびあがってきます。うお座は2月21日から3月20日生まれの人の誕生星座です。

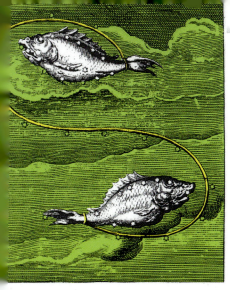

◀うお座の二匹の魚　ギリシャ神話では、うお座の二匹の魚は、愛と美の女神アフロディテ（ビーナスともいいます）と、その子エロス（キューピッドともいいます）の母子とされています。ある日のこと、二人がユーフラテス川の岸辺を歩いていると、怪物テュフォンがいきなり襲いかかってきました。母子はびっくり仰天、大あわてで魚に変身すると、川に飛びこみ逃げだしました。このときの姿を星座にしたのがうお座で、リボンのようなひもは、母子が離ればなれにならないためだとか、母子の絆をあらわしたものだとか、チグリス、ユーフラテスの両大河をあらわしたものだとかいわれています。

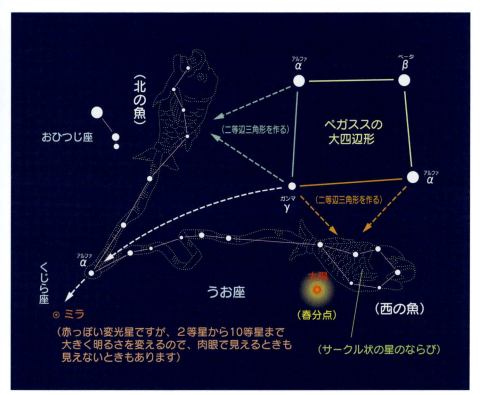

▲うお座の見つけ方　うお座の二匹の魚のうち「西の魚」の近くには、３月21日ごろの春分の日に太陽がやってきて位置する"春分点"がありま す。昼間では、うお座の姿はもちろん見られませんが、春分の日に太陽の輝くあたりにうお座があると思って見あげるのも一興でしょう。

秋の星座を見つけよう

おひつじ座(牡羊)

Aries (略符 Ari)

概略位置：赤経2h35m 赤緯+21°
20時南中：12月25日
南中高度：75°
肉眼星数：28個（5.5等星まで）
面積　　：441平方度（順位39）
設定者　：プトレマイオス

秋の宵の頭上高いさんかく座は、ごく小さな星座ですが、細長い二等辺三角形はあんがいよく目につきます。そのさんかく座のすぐ南よりにも、もうひとつ似たような3個の星のならびがあり、"へ"の字を裏返しにしたようにも見えます。これがおひつじ座の頭の部分です。

▼おひつじ座

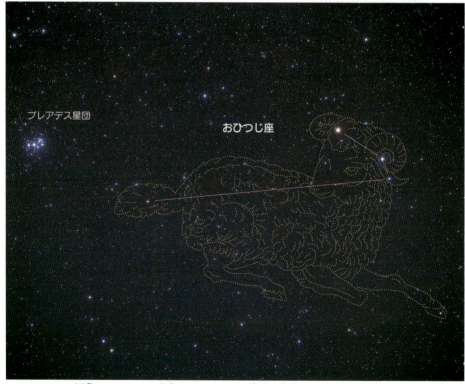

▲おひつじ座　春分の日の太陽が位置する春分点は、現在は西の魚の近くにありますが、古代ギリシャのころには、このおひつじ座にあり、「白羊宮の原点」ともよばれ、黄道第1番目の最も重要な星座とされていました。おひつじ座は3月21日から4月20日生まれの人の誕生星座です。

▶**金毛の牡羊** おひつじ座は、ことばが話せ空を飛ぶことのできる金毛の牡羊というのがその正体で、継母からにくまれたテッサリアの国のプリクソス王子とヘレー王女を背に乗せ、コルキスの国へ逃れさせたといわれています。牡羊は二人を背に乗せると、たちまち空高く飛びあがりました。妹のヘレーはあまりの高さに目がくらみダーダネルス海峡に落ち、海神ポセイドンに救われましたが、王子だけはなおも牡羊の背に乗ってコルキスまで運ばれ、国王から親切に迎えられ、王女と結婚しました。その後、牡羊の金毛の皮ごろもは、大切に保管されていましたが、勇士ヤーソンがアルゴ船でギリシャの英雄たちととりもどしにくることになります。

おひつじ座
くじら座

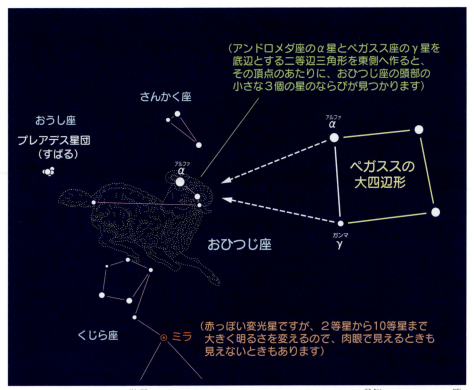

（アンドロメダ座のα星とペガスス座のγ星を底辺とする二等辺三角形を東側へ作ると、その頂点のあたりに、おひつじ座の頭部の小さな3個の星のならびが見つかります）

さんかく座
おうし座
プレアデス星団（すばる）
α アルファ
ペガススの大四辺形
γ ガンマ
おひつじ座
くじら座
ミラ
（赤っぽい変光星ですが、2等星から10等星まで大きく明るさを変えるので、肉眼で見えるときも見えないときもあります）

秋の星座を見つけよう

▲**おひつじ座の見つけ方** 面積は思ったより広いのですが、目につく星のならびは、牡羊の頭にあたる裏返しの"へ"の字の3個の星のならびしかありません。牡羊の胴体は、頭の部分と東隣りのおうし座のプレアデス星団との間に横たわっていると見当づけるしかありません。

みなみのうお座
（南魚）
Piscis Austrinus（略符 PsA）

概略位置　：赤経22h14m 赤緯-31°
20時南中：10月17日
南中高度　：24°
肉眼星数　：15個（5.5等星まで）
面積　　　：245平方度（順位60）
設定者　　：プトレマイオス

秋の宵の南の空低く、一つぽつんと輝く明るい星が目にとまります。秋の夜空の唯一の1等星のフォーマルハウトで、みずがめ座からこぼれ落ちてきた水を、大きな口をあけてのみほす、魚の口のところで輝いています。フォーマルハウトの名は「魚の口」を意味する、アラビア語からきているものです。

▲フォーマルハウト　日本では「南のひとつ星」「秋星」とよばれ、中国でのよび名は「北洛師門」です。いずれも秋の夜のさびしさをつのらせるような星名です。距離25光年のところで輝く太陽の直径の1.8倍、表面温度9300度の白色の星です。周囲にはチリの環がとりまき惑星がまわっていることがわかっています。

◀みなみのうお座　この魚は、うお座の二匹の魚の親魚とも、怪物テュフォンに追われた愛と美の女神アフロディテが、魚に変身して川に飛びこんで逃げたときの姿ともいわれています。

238

つる座(鶴)

Grus(略符 Gru)

概略位置：赤経22h25m 赤緯-47°
20時南中：10月22日
南中高度：8°
肉眼星数：24個（5.5等星まで）
面積　　：366平方度（順位45）
設定者　：バイヤー

秋の宵の南の空低く、みなみのうお座の口もとに輝く秋の夜の唯一の1等星フォーマルハウトが見えていますが、そのさらにずっと南のほとんど地平線のあたりにも東西にならぶ明るめの星が見えています。つる座のアルファ星とベータ星で、これらの星の配列から首の長い鶴の姿は、あんがいイメージしやすいといえます。

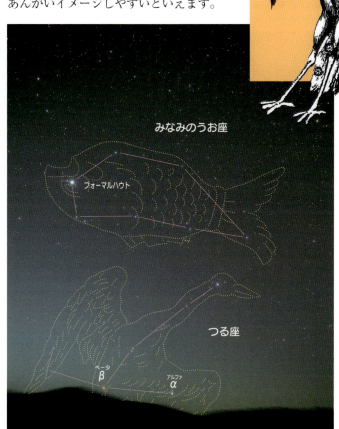

▲つる座の古星図　南天の12星座を新設したオランダの航海士ケイザーと、ホウトマンの星座に含まれるものですが、大航海時代の船乗りたちの間では、すでにここにフラミンゴの姿を見ていたともいわれます。

◀つる座　目をひくのは東西にならんだ1.7等の白っぽい西側のアルファ星と、2.0等（変光星です）の東側の赤みをおびたベータ星の二つで、南の地方へいくほど高く昇って見やすくなります。

秋の星座を見つけよう

ちょうこくしつ座
(彫刻室)
Sculptor (略符 Scl)

概略位置　：赤経0h24m 赤緯-33°
20時南中　：11月25日
南中高度　：23°
肉眼星数　：15個（5.5等星まで）
面積　　　：475平方度（順位36）
設定者　　：ラカイユ

秋の宵の南の空低く、くじら座の南の地平線近くにあんがい大きく広がる星座です。といっても4等星以下の暗い星ばかりなので、星をたどるのがむずかしい星座です。18世紀のフランスの天文学者ラカイユが設定したもので、星座の原名は「彫刻家のアトリエ」ですが、そのイメージは星の配列からは思いうかびません。

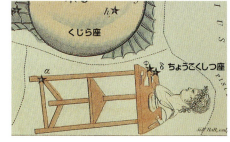
▲ちょうこくしつ座

▲ちょうこくしつ座　ラカイユの星図では木組みの台におかれた人物の胸像と、そのわきにある大理石の上に彫刻家の道具らしい木槌とのみがおかれた星座絵となっています。アトリエのような建物ではなく、その芸術家の部屋の内部のようすを星座にしたというわけです。

ほうおう座（鳳凰）
Phoenix（略符 Phe）

概略位置	赤経0h54m 赤緯-49°
20時南中	12月2日
南中高度	6°
肉眼星数	27個（5.5等星まで）
面積	469平方度（順位37）
設定者	バイヤー

秋の宵の南の空の地平線上に、燃えさかる火の中に自ら飛びこみ、再びよみがえってくる不死鳥ほうおう座の姿があります。エリダヌス座の1等星アケルナルの近くにあって、星も明るく見つけやすい星座といえます。

▲ほうおう座

くじら座　エリダヌス座　ほうおう座

ほうおう座　アケルナル

▲**秋の星座**　下の方に燃えさかる火の中に身を投じるほうおう座の姿が見えています。南の空低い星座ですが透明度の低空までよい夜なら翼をひろげたほうおうの姿は、あんがいイメージしやすいものです。

◀**ほうおう座**　南天の星座づくりに活躍したオランダの航海士ケイザーやホウトマンらによって設定され、ドイツのバイヤーの星図に描きだされたこの星座の原名はフェニックスで、500年ごとに火の中に身を投じ、再びよみがえるという、伝説上の不死鳥のことです。

秋の星座を見つけよう

南半球で見える星座たち

天の南極付近の星座

私たちは、ふだん北緯35度付近に位置する日本で星空を見あげています。しかし、星空の見え方のようすは、地球上の位置によって大きくかわってきますので、どこへ出かけても日本と同じような星空が見られるというわけではありません。

いちばん大きくちがうのはオーストラリアなど南半球へ出かけたときで、日本とは逆さまのかっこうで立って星空を見あげるようになるため、日本で見なれた星座が全部逆さまにひっくりかえって見えます。もちろん、日本から見えない南天の星座たちも見えてきます。

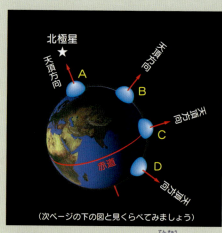

▲地球上の見あげる位置でかわる天球のようす
北半球では、南半球の星空の一部が見えません。各位置での星の動きは、次ページ下にあります。
（次ページの下の図と見くらべてみましょう）

▲北半球で見た夏の天の川と夏の大三角　日本の夏の宵のころの天の川で、南の地平線上にさそり座やいて座が、頭上高く夏の大三角が見えます。右の南半球の星空と見くらべてください。

▲南半球で見た冬の天の川と夏の大三角　オーストラリアで見たもので、季節が逆の冬の天の川となっています。さそり座やいて座付近が頭上高く、夏の大三角は北の地平低く見えます。

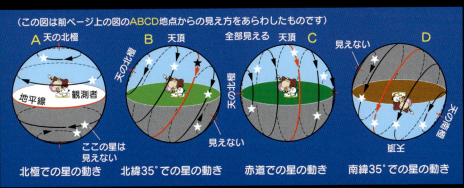

▲緯度別の星空の見え方と日周運動のちがい　地球上の各地での星空の見え方のようすです。

南半球の星空 夏

日本では寒い冬の夜空に見あげる星座たちですが、季節が逆になる南半球では、暑い夏の夜空で見あげることになります。日本では南の地平線上に見えるカノープスなど、巨大なアルゴ船座の星ぼしが頭上高く見えています。

▲大マゼラン雲と小マゼラン雲

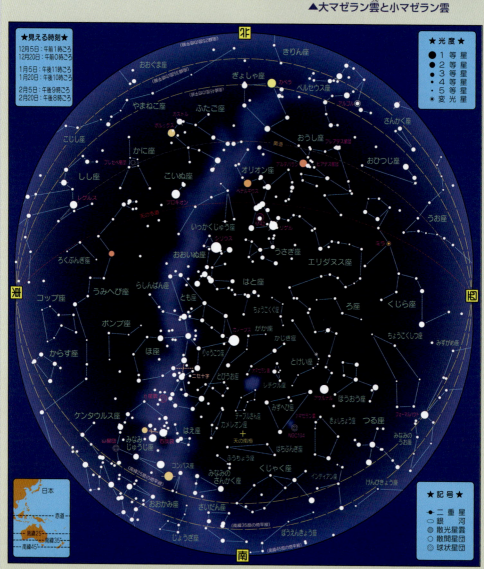

南半球の星空 秋

▲ケンタウルス座のアルファ、ベータ星と南十字

日本では春の宵の空に見える星座たちですが、南半球では秋の宵空としてながめることになります。南十字星やケンタウルス座のアルファ星やベータ星が明るい天の川の中で輝き、1年中でいちばん南半球の星空が華やかな季節です。

南半球の星空 　冬

日本では真夏の星座たちの見えるころですが、季節が逆になる南半球では真冬の星空として見あげることになります。銀河系の中心方向の天の川が頭上に見え、その明るい輝きで、地上にうっすらと物影ができるほどです。

▲明るい銀河系中心方向の天の川

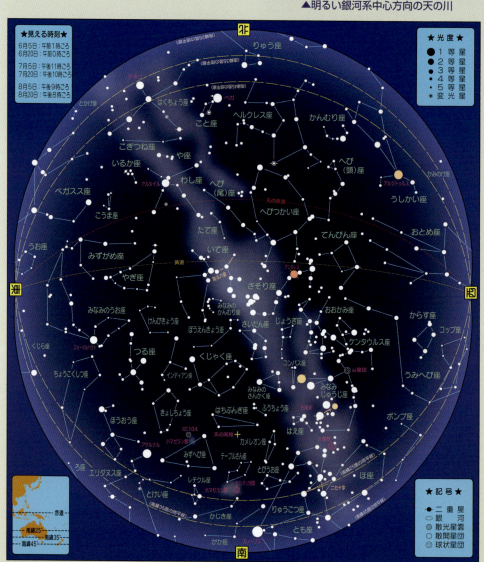

▲逆さまで昇るオリオン座

南半球の星空 　春

日本では秋のさみしい星空として見えますが、南半球では季節が逆になるので、春の星空として楽しむことになります。夜空の暗く澄んだ場所では、南の頭上高く大小マゼラン雲がはっきり浮かぶようすがよくわかります。

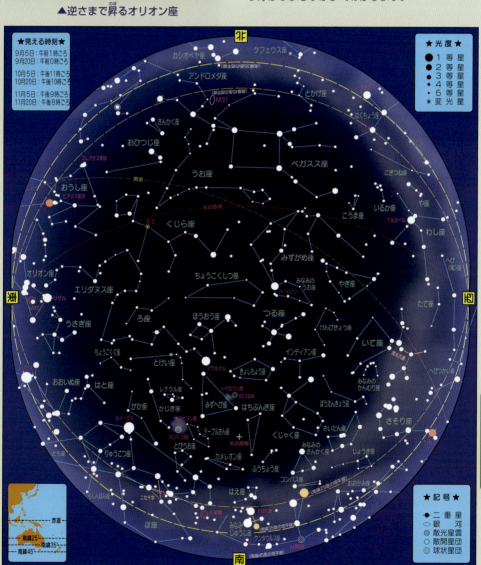

南半球で見える星座たち

みなみじゅうじ座
（南十字）
Crux（略符 Cru）

概略位置：赤経12h24m　赤緯-60°
20時南中：5月23日
南中高度：-5°
肉眼星数：20個（5.5等星まで）
面積　　：68平方度（順位88）
設定者　：ロワイエ他

日本から見えない南半球の星空で、誰もがその美しさを一致して認めるのが南十字星のよび名でおなじみの「みなみじゅうじ座」でしょう。

全天88星座の中で最も小さな星座ですが、明るい4個の星で描く十文字の星のならびは、南半球の明るい天の川のまっただ中にあり、ひと目でそれとわかる美しさです。ハワイやグアム島あたりでも見ることができますが、その場合の見ごろは春のころとなります。

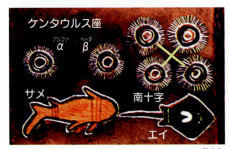
▲アボリジニの南十字　オーストラリアの先住民のアボリジニの人びとの間にも、南の空に輝く星ぼしについての伝説がたくさん語り伝えられています。

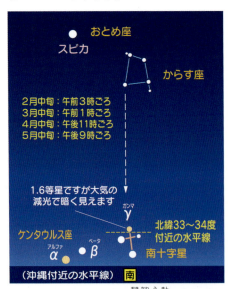
▲日本でも見える南十字　沖縄付近でなら春の宵のよく晴れたとき、真南の水平線上に十文字が立つのを見ることができますが、いちばん北よりのガンマ星だけなら、九州や四国、紀伊半島の先端あたりでもかろうじて見えます。

▲天の南極の日周運動　真南の天の南極には、北極星のような明るい目じるしになる星がないので、すぐには真南の方向はつかめません。そのときは、次ページのように南十字を使って、見当をつけるようにするのがよいといえます。

▲**南十字星付近** 南天の明るい天の川の中に輝き、すぐそばに石炭袋（コール・サック）とよばれる、暗黒部をともなって十字の輝きの印象がより強められています。左端の黄色味をおびた明るい星は、太陽にいちばん近い恒星としておなじみの、ケンタウルス座のアルファ星です。そのアルファ星とベータ星は、南十字星を指し示す"ポインター"ともよばれています。

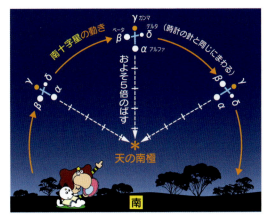

◀**天の南極の見つけ方** 真南の目じるし 天の南極付近の星ぼしは、前ページの写真のように北の空とは反対に時計の針と同じ方向に、日周運動で動いています。写真に写せば天の南極の位置は星ぼしの描く円の中心なのですぐわかりますが、実際の夜空では明るい目じるしになる星がないのでよくわかりません。そんなときは一年中いつでも南の空をめぐって、どこかしらに見えている南十字星を使って見当づけるのがよいといえます。つまり、南十字の長い辺をおよそ4〜5倍延長してみるのです。

南半球で見える星座たち

▲グアム島で見た南十字星　椰子の葉陰で輝く南十字星のイメージなら、グアム島やハワイ付近で見あげるのがいちばんといえます。5月の宵のころがその見ごろとなります。

▲インドネシアで見た南十字星　赤道付近まで南下すれば、南十字は南の空高く昇って見えている期間も、グアム島やハワイよりずっと長くなるので、お目にかかれるチャンスも増えます。

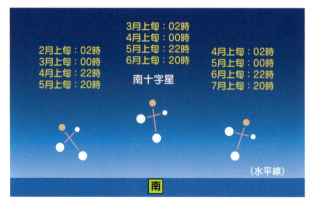

◀ハワイでの南十字星の見え方
南十字星は、日本の季節でいえば、春の宵のころに見やすくなる星座になりますので、ハワイやグアム島あたりでは、3月から7月ごろまでが見ごろとなります。夏休みのころはあいにく見られません。また、ハワイ付近での緯度では、真南の水平線上にいちばん高くなったときで、高度は約10度くらいです。

日本で見える南十字星

南十字星は、現在、日本国内では見ることができませんが、110ページにある地軸の首ふり運動"歳差"のため、9000年後のころには東京でも見えるようになってきます。一方、縄文時代のころには、青森県の三内丸山遺跡付近でも見ることができました。

▲**南十字とニセ十字** すぐ近くにもうひとつよく似た十文字の星のならびがあって、"ニセ十字"とよばれています。実際の空で本物とニセ物を見まちがえることはないといえますが、うっかりニセ十字で天の南極を見つけようとすると、南の方向をまちがえてしまうことになります。

形がくずれる南十字星

宇宙空間で恒星も動いています。十文字の北の端のガンマ星が、ほかの星とちがう動きをしているため、時間がたつと南十字の形もくずれてしまうことになります。今はいちばん十文字の形がととのった、よい時代に見せてもらっていることになります。

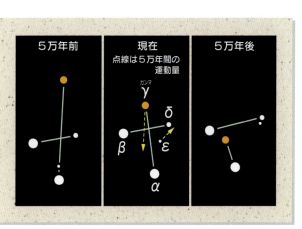

南半球で見える星座たち

みなみのさんかく座
（南三角）
Triangulum Australe（略符 TrA）

概略位置　：赤経15h59m 赤緯-65°
20時南中　：7月13日
南中高度　：-10°
肉眼星数　：12個（5.5等星まで）
面積　　　：110平方度（順位83）
設定者　　：バイヤー

3個の星を結びつければ、三角形ができあがるのですから"さんかく座"などつくらなくてもよさそうなものですが、全天88星座中に二つも三角形の星座が設定されているのですからおもしろいものです。アンドロメダ座に近い「さんかく座」と、南天の「みなみのさんかく座」です。

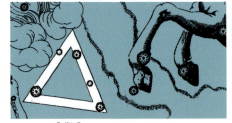

▲古星図にあるみなみのさんかく座

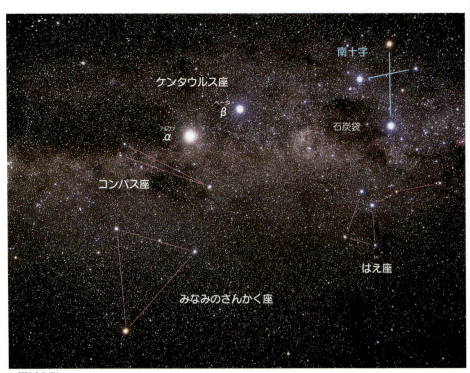

▲**南十字星に近いみなみのさんかく座**　1589年にオランダのプランシウスが作った天球儀に、すでにその姿が描かれているので、単純な形なのに南天の星座としては歴史の古いものといえます。明るい南十字星や、ケンタウルス座のアルファ星やベータ星に近く、しかも北の空の"さんかく座"より星も明るく、形も大きいので見ばえのする南天の三角の姿となっています。

ぼうえんきょう座
（望遠鏡）
Telescopium(略符 Tel)

概略位置　：赤経19h16m　赤緯-51°
20時南中　：9月2日
南中高度　：4°
肉眼星数　：17個（5.5等星まで）
面積　　　：252平方度（順位57）
設定者　　：ラカイユ

いて座の南斗六星の南でくるりと半円形を描くみなみのかんむり座のすぐ南にありますが、なにしろ夏の宵の南の地平線上にわずかに姿をあらわすだけで、しかも明るい星がないので、この星座は夜空の暗い場所でさえ目にするチャンスはほとんどないといっていいくらいです。

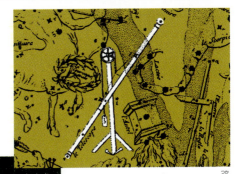

▲ぼうえんきょう座　いかにも使いにくそうな古風な望遠鏡の姿なので、実際の星空でイメージするのはむずかしいといえ、左の写真でその見え方のようすがわかります。

▲空中望遠鏡がモデル　18世紀のフランスの天文学者ラカイユが、パリ天文台初代台長J・D・カッシーニが使った空中（空気）望遠鏡（矢印）をモデルにして設定した星座といわれます。

南半球で見える星座たち

コンパス座

Circinus (略符 Cir)

概略位置：赤経14h30m 赤緯-62°
20時南中：6月30日
南中高度：-7°
肉眼星数：10個（5.5等星まで）
面積：93平方度（順位85）
設定者：ラカイユ

南天の天の川の中で輝くケンタウルス座のアルファ星のすぐそばにある、細長い三角形をした小さな星座です。
18世紀のフランスの天文学者ラカイユが南アフリカでの天体観測に使ったコンパスで、役立ってくれたコンパスの労をねぎらうかのように星座にしたものです。

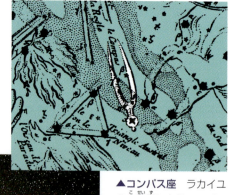

▲コンパス座　ラカイユの古星図にあるコンパス座の姿で、製図用のコンパスです。

▲コンパス座

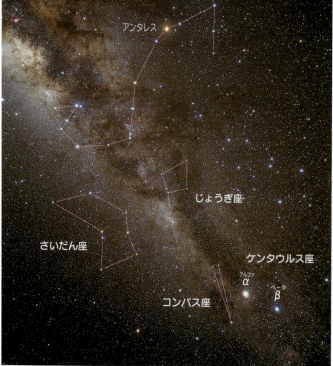

◀コンパス座　ケンタウルス座のアルファ星のすぐ近くにある、コンパス座とじょうぎ座は、ペアとなる製図用具の星座ですが、星が淡く、その姿は天の川の輝きの中にうもれ、とても見つけにくいものです。

じょうぎ座(定規)
Norma（略符 Nor）

概略位置　：赤経15h58m 赤緯-51°
20時南中：7月18日
南中高度：4°
肉眼星数：14個（5.5等星まで）
面積　　：165平方度（順位74）
設定者　：ラカイユ

18世紀のフランスの天文学者ラカイユが南アフリカのケープタウンに遠征して、南天の恒星を観測したとき設定した、14の新星座のうちのひとつです。

ラカイユの星図には、大工さんが使う直角に曲がった"曲尺"と、まっすぐな定規の二つを組み合わせた絵柄の星座となっています。しかし、なにせ南天の明るい天の川にうもれるようにして見えているので、その姿はわかりにくいものです。

▲じょうぎ座　すぐ近くに前ページのコンパス座があり、ラカイユは自分の愛用した小道具たちの姿を記念して星空に残すことにしたのかもしれません。

7月初旬午後9時ごろのようすで、地平線から下は見られません

▲じょうぎ座

◀じょうぎ座の見え方　およその位置はさそり座のS字のカーブと、さいだん座からつけられますが、なにしろ夏の宵の南の地平線上なので、夜空の暗い場所でも見つけにくい星座といえます。

さいだん座(祭壇)
Ara (略符 Ara)

概略位置：赤経17h18m 赤緯-57°
20時南中：8月5日
南中高度：-1°
肉眼星数：19個（5.5等星まで）
面積　　：237平方度（順位63）
設定者　：プトレマイオス

さいだん座とは祭壇座のことですから、神々にいけにえをささげるために置く台の星座ということになります。そのイメージどおり、古代ギリシャ時代のころから知られており、アラトスは、彼の天文詩の中で「いけにえをささげるもの」として、この星座のことを詠っています。

▲さいだん座　グロティウスの古星図に描かれている、火の燃えさかる祭壇の姿です。

▶さいだん座

◀さいだん座　さそり座のS字のカーブの底に接し、夏の宵の南の地平線上に明るい星ぼしで形づくる姿が、あんがいよくわかります。

インディアン座(ざ)

Indus(略符 Ind)

概略位置：赤経21h55m 赤緯-60°
20時南中：10月7日
南中高度：-5°
肉眼星数：13個（5.5等星まで）
面積　　：294平方度（順位49）
設定者　：バイヤー

秋の宵の南の地平線低く姿を見せるつる座の南西よりにある星座なので、日本のほとんどの地方では、インディアンの上半身のごく一部が見えるにすぎません。つまり、お目にかかることのむずかしい南天の星座のひとつというわけですが、インディアンが一本の矢を手にするところに輝くアルファ星だけは、3等星の明るさがあるので透明度よく晴れた晩には、つる座の明るいアルファ星とベータ星を結んだ線を、西よりに二倍ほど延長したところで見つけることができます。

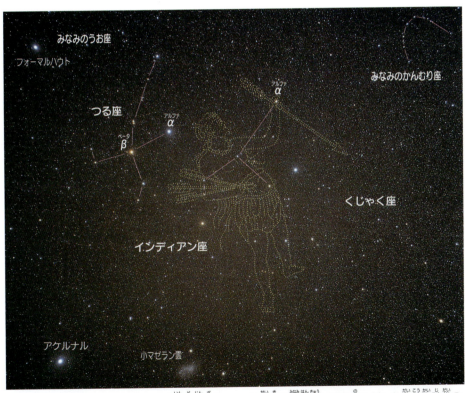

▲インディアン座　日本ではかつて「印度人座」と誤訳されたこともあった星座ですが、これは正真正銘西部劇に登場するアメリカ先住民のインディアンの姿をあらわしたものです。しかも、16世紀に南半球へ船を乗りだした大航海時代の、航海者たちにすでに認められていたといいますから、めだたないとはいえ南天星座としては、歴史の古い星座といえることになります。

くじゃく座（孔雀）

Pavo（略符 Pav）

概略位置：赤経19h33m 赤緯-66°
20時南中：9月5日
南中高度：-11°
肉眼星数：28個（5.5等星まで）
面積　　：378平方度（順位44）
設定者　：バイヤー

16世紀の初期の南天星座の設定に深くかかわった、オランダの航海士ケイザーやホウトマンたちは、インドの国鳥でもある孔雀の姿を目にして強い印象を受けたにちがいありません。くじゃく座を星座にあげ、師のプランキウスに報告したらしいのです。

▲くじゃく座の古星座絵

▲くじゃく座　夏の宵の南の空に低いぼうえんきょう座のさらに南にある南天星座なので、日本ではほとんど見えません。おかげでなじみのない星座となっていますが、星が明るいうえ形もととのっているので、孔雀がイメージしやすく南天の星座としては人気のあるものです。

みずへび座（水蛇）
Hydrus（略符 Hyi）

概略位置　：赤経2h16m 赤緯-70°
20時南中：12月27日
南中高度　：-15°
肉眼星数　：14個（5.5等星まで）
面積　　　：243平方度（順位61）
設定者　　：バイヤー

エリダヌス座の1等星アケルナルの近くのアルファ星と、天の南極に近いベータ星、ガンマ星の3個の3等星を結んでできる三角形で、水蛇の曲がりくねった姿を想像することになります。また、アルファ星とベータ星を結んだ線上には、小マゼラン雲がありよい目じるしとなっています。

▲みずへび座　かつて小海蛇座などと訳されたこともある星座です。

▲みずへび座の古星座絵　日本から全く見ることのできない南天星座で、フランス語の星座名では、「おすのヒュドラ」となっています。

▶みずへび座　3個の3等星を結びつける大きな三角形の星座ですが、目をひくのは隣のきょしちょう座に属する、小マゼラン雲の存在です。

南半球で見える星座たち

けんびきょう座
（顕微鏡）
Microscopium (略符 Mic)

概略位置：赤経20h55m 赤緯-37°
20時南中：9月30日
南中高度：18°
肉眼星数：15個（5.5等星まで）
面積　　：210平方度（順位66）
設定者　：ラカイユ

顕微鏡は、オランダのヤンセンが1590年ごろ発明したといわれていますが、18世紀のフランスの天文学者ラカイユが活躍したころには、性能も格段に向上し、当時のハイテク光学機器と注目され、そんなところから彼は星空にあげたのでしょう。

▼けんびきょう座　やぎ座の逆三角形の南に接して位置はわかりやすいのですが、星が淡くその姿を見つけだすのはむずかしいといえます。

▲古星図にあるけんびきょう座の姿 当時のハイテク光学機器の星座です。

◀けんびきょう座 目をひくほどの星がひとつもない淡い星座です。（ラカイユの星図）

はちぶんぎ座
（八分儀）
Octans（略符 Oct）

概略位置：赤経21h00m 赤緯-83°
20時南中：10月2日
南中高度：-32°
肉眼星数：17個（5.5等星まで）
面積　　：291平方度（順位50）
設定者　：ラカイユ

真南の目じるし「天の南極」があるのが、八分儀の形をあらわしたこのはちぶんぎ座です。といっても、天の北極に輝く北極星のような明るい星があるわけでもなく、すぐそれとわかる星座でもありません。真南の方向を知るのは、南半球では少々やっかいということになります。

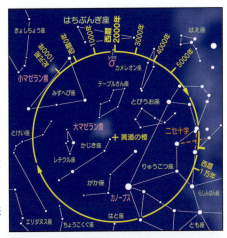

▶天の南極の移動　現在、天の南極に近いのははちぶんぎの5等星のシグマですが、南極星とよべるほど目につく星ではありません。ここ当分、南極星不在が続くことになります。

▲ハドレーの八分儀　ラカイユの設定した八分儀は、18世紀にイギリスのハドレーがつくった角度を測る測角器で、天体の離角や水平線からの高度を測定するのに用いられた航海用具です。

▶天の南極の日周運動　110ページにある地球の自転軸の首ふりによる"歳差"で、天の南極は上の図のように移りかわっていきますが、明るい星が南極星役につくことはありません。

きょしちょう座（巨嘴鳥）
Tucana（略符 Tuc）

概略位置　：赤経23h43m 赤緯-67°
20時南中　：11月13日
南中高度　：-12°
肉眼星数　：15個（5.5等星まで）
面積　　　：295平方度（順位48）
設定者　　：バイヤー

きょしちょうとは「巨嘴鳥」で、くちばしのやたら大きい南米の鳥のことです。オランダの航海士ケイザーやホウトマンたちは、最初の南天12星座の設定者ですが、彼らの航海は東南アジアですから、南米へ出かけた他の航海士たちがもち帰った珍鳥を目にしたのかもしれません。

▲古星図にあるきょしちょう座

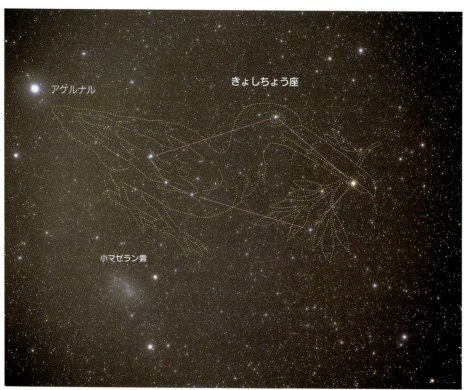
▲きょしちょう座　巨嘴鳥の姿は、エリダヌス座の1等星アケルナルとほうおう座、つる座、くじゃく座など鳥の星座たちに囲まれたところにあります。明るい星はありませんが、星空の中心の五角形から少し離れたところに小マゼラン雲がありますので、すぐ位置はつかめます。

▲きょしちょう座

ケルナル

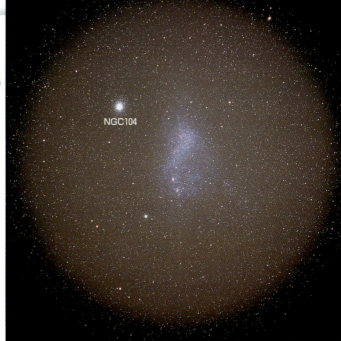

▶小マゼラン雲　距離20万光年のところにある星の大集団で、不規則銀河というのがその正体です。近くには肉眼でも見える4等級の球状星団NGC104があり、双眼鏡の視野の中では、ちょうどこの写真のようなイメージで見えます。

▲小マゼラン雲と大マゼラン雲　日本からは見えない天の南極の近くに浮かぶ不規則銀河で、夜空さえ暗ければ肉眼でよく見えます。フランスのロワイエはこの二つを"小雲座""大雲座"と、それ自身を星座名としてあつかったことがありましたが、今ではもちろん使われていません。

南半球で見える星座たち

とけい座（時計）
Horologium（略符 Hor）

概略位置：赤経3h15m 赤緯-54°
20時南中：1月6日
南中高度：2°
肉眼星数：10個（5.5等星まで）
面積　　：249平方度（順位58）
設定者　：ラカイユ

冬の宵のエリダヌス座の南の流れにそうように淡い星でつくられた星座なので、日本では南の地平線上にやっとというありさまで、夜空の暗く澄んだ場所でさえ見つけるのがむずかしいといえます。

▶とけい座とレチクル座　各地の地平線が示してありますが、やっと地平線上に顔を出す南天の星座だとわかります。

▼ラカイユの古星図　とけい座はラカイユが設定した振り子時計の星座です。

〔1月中旬午後8時ごろのようすで、地平線から下は見られません〕

レチクル座

Reticulum (略符 Ret)

概略位置　：赤経3h54m 赤緯-60°
20時南中　：1月14日
南中高度　：-5°
肉眼星数　：11個（5.5等星まで）
面積　　　：114平方度（順位82）
設定者　　：ラカイユ

星座の名前からだけでは、何のことやらさっぱりわからないというめずらしい星座ですが、これは天体望遠鏡の焦点面に張った、星の位置観測のための"菱形のネット"のことです。18世紀のフランスの天文学者ラカイユが設定した淡い星座で、日本では見えない南天の星座です。

▲古星図のとけい座

▲レチクル座　望遠鏡の視野リングに貼られた菱形のネットで、日本ではかつて"小網座"と訳されたこともあります。

◀レチクル座　エリダヌス座の1等星アケルナルと、りゅうこつ座の1等星カノープスのほぼ中間あたりで小ぢんまりまとまった、淡い星ばかりの星座ですが、星のならびに特徴があるのであんがいわかりやすいものです。

南半球で見える星座たち

がか座（画架）
Pictor（略符 Pic）

概略位置：赤経5h41m 赤緯-54°
20時南中：2月8日
南中高度：2°
肉眼星数：15個（5.5等星まで）
面積　　：247平方度（順位59）
設定者　：ラカイユ

がか座では"画家"を思い浮かべる方があるかもしれませんが、星座になっているのは、画家が絵を描くときに使うイーゼル、つまり"画架"の方です。真冬の南の地平線上に見える、りゅうこつ座の1等星カノープスのすぐ南にある淡い星座で、とらえにくい星座のひとつです。

▶がか座

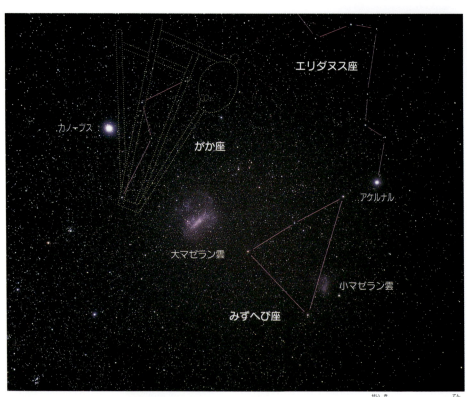

▲がか座　画家の使うイーゼルとパレットを描きだした南天の星座なので、日本からは逆さまに見え、しかも、地平線上に北半分だけが顔を出してくれるだけです。18世紀のフランスの天文学者ラカイユの設定したもので、すぐ近くには彫刻具の星座"ちょうこくぐ座"があります。

ちょうこくぐ座
(彫刻具)
Caelum (略符 Cae)

概略位置　：赤経4h40m 赤緯-38°
20時南中：1月29日
南中高度　：17°
肉眼星数　：4個（5.5等星まで）
面積　　　：125平方度（順位81）
設定者　　：ラカイユ

彫刻家の使う"のみ"の形をあらわした星座で、設定者の18世紀のフランスの天文学者ラカイユの星座名は、"彫刻用ののみ"というものでした。近くには画家がカンバスなどを立てかけて置く、三脚台イーゼルの星座"画架座"もあり、芸術好きのフランスの天文学者らしい星座の設定といえます。

▲ちょうこくぐ座

▼**ちょうこくぐ座**　彫刻家が制作に使う道具の"のみ"二本がひもで結ばれた星座の姿は、真冬の南の地平線上に見えますが、いちばん明るいアルファ星でさえ、4.5等という淡さなので見つけやすいとはいえません。

▶**ちょうこくぐ座**　少し西よりに離れた秋のくじら座の南には、ちょうこくしつ(室)座もあります。

南半球で見える星座たち

とびうお座（飛魚）
Volans（略符 Vol）

概略位置：赤経7h48m 赤緯-70°
20時南中：3月13日
南中高度：-14°
肉眼星数：14個（5.5等星まで）
面積　　：141平方度（順位76）
設定者　：バイヤー

　海面上を飛ぶ"飛魚"そのものを描きだした星座で、巨大なアルゴ船のすぐそばに設定されています。
　大航海時代のころ最初に南天の12星座を新設した、オランダの航海士ケイザーやホウトマンたちが、インドから東南アジアへの航海の途上、飛魚の大群が海面を飛ぶようすを目にして設定したものです。

▲とびうお座

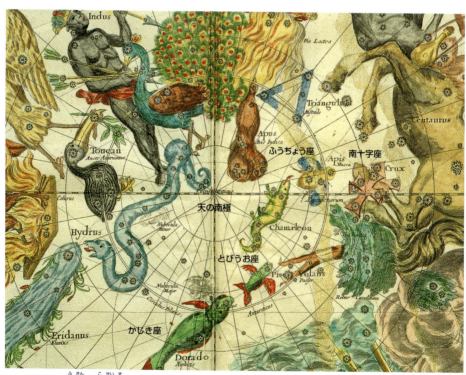

▲**とびうお座付近の古星図**　アルゴ船のりゅうこつ座の南にある小さな星座で、4等星が6個で形づくるその姿は、南半球ではあんがいたどりやすいものです。日本では南の地平線上に全く顔を出してくれないので見ることができませんが、グアム島付近ならニセ十字の近くに見えます。

ふうちょう座(風鳥)

Apus（略符 Aps）

概略位置　：赤経16h01m 赤緯-75°
20時南中　：7月18日
南中高度　：-20°
肉眼星数　：10個（5.5等星まで）
面積　　　：206平方度（順位67）
設定者　　：バイヤー

「ふうちょう」とは「風鳥」のことで、ニューギニア周辺に住む極楽鳥をさしています。その美しい羽根のおかげでヨーロッパで珍重され、さかんに捕獲されて輸出され、そのときなぜか足が切りとられていたため、木にとまることなく一生風まかせに飛んでいるにちがいないとして、こんなよび名がつけられたものです。

▲ふうちょう座

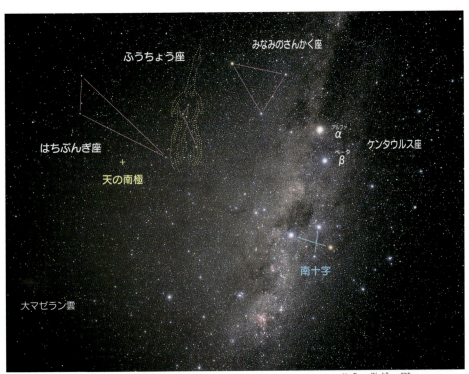

▲ふうちょう座付近　天の南極に近いので、日本からは見ることができませんが、小さな逆さの"へ"字形の星のならびは、あんがい目につきやすいものです。位置の見当は形のはっきりしているみなみのさんかく座と、天の南極のあるはちぶんぎ座の間で見つけられます。

南半球で見える星座たち

かじき座（旗魚）
Dorado（略符 Dor）

概略位置　：赤経5h14m 赤緯-60°
20時南中：1月31日
南中高度　：-5°
肉眼星数　：15個（5.5等星まで）
面積　　　：179平方度（順位72）
設定者　　：バイヤー

「かじき座」とは南海の大魚めかじきの姿をあらわしたもので、もともとは「しいら座」だったものかもしれないなどともいわれ、今ひとつ正体がはっきりしていません。しかし、この星座ではなんといっても大マゼラン雲の存在が、その名を高めているといえます。

▲古星図にあるかじき座

▲マゼラン（1480～1521）　ポルトガルの航海者で、初の世界一周の航海を果たしました。大小マゼラン雲は、その名を記念したものです。

◀かじき座　星座名よりも南天一の奇観として、天文ファンが一度は目にしたいと願う大マゼラン雲の存在の方がよく知られている星座です。大マゼラン雲は北斗七星のひしゃくの中にちょうど入るくらいのひろがりがあり、小マゼラン雲とともに肉眼でよく見えます。

NGC2070

▲**大マゼラン雲** 距離16万光年のところに浮かぶ星の大集団で、銀河系の周辺を小マゼラン雲とともにめぐる伴銀河です。NGC2070は肉眼でもわかる大散光星雲で毒グモに似るのでタランチュラ星雲ともよばれています。

▶**大マゼラン雲に出現した肉眼超新星1987A**
1987年2月にタランチュラ星雲のすぐ近くに出現、2.9等の明るさになりました。この超新星からのニュートリノの検出で、小柴昌俊博士はノーベル物理学賞を授与されました。

はえ座(蠅)
Musca (略符 Mus)

概略位置 ：赤経12h31m 赤緯-70°
20時南中 ：5月26日
南中高度 ：-14°
肉眼星数 ：19個（5.5等星まで）
面積 ：138平方度（順位77）
設定者 ：バイヤー

南半球の星座で最も目につく星座といえば「南十字座」ですが、そのすぐ南にぶらさがるようにしてはえ座が見えています。ごく小さな星座ですが、あんがい明るめの星がまとまっているので、目につきやすい星座といえます。

▶はえ座　みつばち座とされたこともありましたが、まぎれもなく蠅の星座です。

▼南天星図　南十字のすぐ下（左）に、はえ座の姿があります。

カメレオン座
Chamaeleon（略符 Cha）

概略位置：赤経10h40m 赤緯-79°
20時南中：4月28日
南中高度：-24°
肉眼星数：13個（5.5等星まで）
面積　　：132平方度（順位79）
設定者　：バイヤー

長い舌をのばし、目にもとまらぬ早わざで蠅などを捕食してしまうあのカメレオンの姿で、はえ座をねらうようにして描かれているのがおもしろいといえます。ただし、天の南極に近いので、日本からは全く見ることができません。

▲カメレオン座

▶南十字とはえ座、カメレオン座付近　南半球でいちばん目につく南十字からたどると、すぐその南にぶらさがるようなはえ座と、そのはえ座をねらってしのびよるカメレオン座の姿が次々に見つけだせます。はえ座もカメレオン座も星が明るくまとまっているので、小さいながらとてもよく目につきます。南天の星座はとかく姿形がはっきりせず面白味がないといわれますが、それは18世紀のフランスの天文学者ラカイユの当時のハイテク機器の星座などにいえることで、大航海時代の初期のころオランダの航海士ケイザーやホウトマン、その師のプランキウスらによってつくられ、ドイツのバイヤーによって確定、紹介された12の南天星座は、とてもよくできているものです。

テーブルさん座
(テーブル山)
Mensa (略符 Men)

概略位置 ：赤経5h28m 赤緯-78°
20時南中 ：2月10日
南中高度 ：-22°
肉眼星数 ：8個（5.5等星まで）
面積 ：153平方度（順位75）
設定者 ：ラカイユ

「テーブルさん」は「テーブル山」で、南アフリカのケープタウンのすぐ後ろにある、頂上がテーブルのように平らな実在する有名な山のことで、テーブルさん座はその姿をあらわした星座です。

▲テーブルさん座

▲テーブルさん座付近の南天のながめ

▲テーブル山　後方がテーブル山でヨーロッパの天文学者たちは、この麓で南天の星ぼしの観測を行ってきました。テーブルさん座には大マゼラン雲が接していて、その白雲をテーブルクロスに見たてて設定してあるのは、18世紀のフランスの天文学者ラカイユのしゃれなのでしょう。

星座データ

この本では、全天にある88星座のすべてを紹介してありますが、それぞれの大きさのちがいや、星座の中に見える興味深い天体たちのより詳しい位置を記した星図、より細かい星空の移り変わりのようすなどを知りたい方のために、"星座データ"をここにまとめてあります。星空ウォッチングの楽しみをより深めるためにご利用ください。

▲**黄道12星座をデザインした切手** 太陽の通り道"黄道"上に位置する12星座は、誕生日によって各人それぞれにきめられていますので、誰でもそのどれかの星座をもつことになります。自分の誕生星座を実際の夜空で見つけだすのは楽しくうれしいものです。ぜひ、お目にかかってほしいといえます。なお、この本で紹介してある誕生星座は、星占いとは全く関係のないものです。

星座の歴史

88星座の由来

● 星座のはじまり

今からざっと5000年もの昔、チグリス、ユーフラテスの両大河にはさまれたメソポタミア、つまり現在のイラクのあたりにカルデアの人びとが暮らしていました。彼らは遊牧民というわけではありませんでしたが、夜もすがら羊の番をしつつ、あるいは城壁にのぼり満天の星空をながめながら、いつとはなしに目ぼしい星ぼしの配列をたどって、動物や伝説上の巨人や英雄たちの姿に見たてて星座をつくりあげていきました。

そして、星座の中で移動をくりかえす明るい惑星たちや日食、月食などの不思議な天文現象を恐れ、いぶかり、やがて観測から秩序を見いだし、星占いをするようにもなっていきました。こうして太陽

▲プトレマイオス　2世紀の前半アレキサンドリアで天体観測を行い、バビロニアからエジプト、フェニキア、ギリシャへと伝えられた星座を整理して48星座を確定しました。

や月、惑星などの星空での通り道ぞいの「黄道12星座」がまずできあがりました。

● ギリシャで完成した48星座

バビロニアから伝えられた星座神話や伝説は、さらにギリシャで多神教の神話とたくみに結びつけられ、発展していくことになりました。

紀元前3世紀の詩人アラトスが、天文学者エウドクソスの著書をもとに詠んだ天文詩『ファイノメナ』には、今でも使われている44の星座がその中に詠いこまれていますし、さらに進んで、天文学者ヒッパルコスは、1000個もの恒星の位置を

▲バビロニアの星座たち　紀元前1100年ごろの土地の境界石で、月や太陽のほか、しし座やさそり座などの黄道星座の原型が描かれています。

▲ファルネーゼ宮殿の星座絵　イタリアのカプローラの華麗な宮殿の天井に1575年に描かれたフレスコ画でギリシャ以来の全天星座たちの美しい姿が見えています。

観測して星表にあらわし、49の星座を記しています。

そしてそれらは、古代天文学の集大成とされる2世紀の天文学者で地理学者、数学者のプトレマイオスの大著『アルマゲスト』に受けつがれ、現在に伝えられる48星座ができあがることになりました。

● アラビア名の星が多いわけ

やがてギリシャやローマの文明がおとろえ、ヨーロッパが中世のいわゆる暗黒時代に入るころ、アラビアではムハンマド（英語ではマホメット）があらわれ、イスラム教が強大な勢力となると、さまざまな学問はイスラム圏で保護され、大いに奨励されることになりました。なかでも天文学は、聖地メッカを礼拝するため、それぞれの地方からの正しい方向を

▲占星術師たちの活躍　アラビアの50の星座は、プトレマイオスの48星座にもとづいたものです。

知るための実用上の重要さもあって、歴代の王たちによって大切にされ、盛りあげられることになりました。

そして、その成果が後になって、近世ヨーロッパに再び流れこむことになったた

星座データ

▲アラビア星図のアンドロメダ座　アラビア特有の星座は、星座絵としては描かれませんでしたが、ギリシャのものがアラビア風に描きなおされ伝えられました。

今のうお座ではない星座です

アンドロメダ座

▲失われてしまった星座たち　バリットの古星図には、「ケルベルス座」や「ポニアトウスキーのおうし座」、「アンティノウス座」などが描かれていますが、これらの新星座たちの多くは、今では廃止されて使われていません。

め、今に伝えられる星座や星の名前にアラビア式のよび名が、多く残されることになったというわけです。

● 新しく追加された星座

アラビア経由のプトレマイオスの48星座は、そのまま1500年もの間使われてきましたが、15世紀ごろからいわゆる大航海時代が到来すると、これまで星座のなかった空白の南半球の星空に新しい星座が追加されることになりました。

◀ニコラ・ルーイ・ド・ラカイユ　18世紀のフランスの天文学者で、南アフリカに出張観測し、南半球に14もの新星座を設定し、今も使われています。

それらの南天星座づくりに大きく貢献したのは、オランダのP・プランキウスでした。彼はすぐれた地理学者で地図制作者でしたが、南天の星を観測するため、弟子のケイザーやホウトマンを、オランダの船隊に乗船させました。そして、その報告をもとに、1598年に自分がつくった天球儀上に"南天12星座"を初めて描きだしたといわれます。

ドイツの星好きの弁護士バイヤーはプランキウスらの資料をもとに、1603年に著した美しい絵入り星図の中に、これらの南天12星座を正式におさめ発表、ここに初めてギリシャの48星座以来、新しい星座が加わることになったというわけです。しかし、当時は星座の境界線らしいものはなく、やがて17世紀から18世紀にかけ、たとえばフランスの王宮付きの建築家ロワイエなどが新星座をいくつも設けたり、

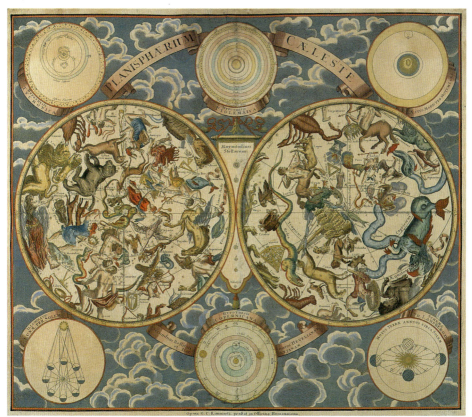

▲星座図　昔の星図には美しい星座絵が描かれるのがふつうでした。なお"星座"という日本のことばは、中国から伝えられたもので、有名な司馬遷の『史記』の"天官書"の中で、星座のことが初めて詳しく述べられています。その中国ではなんと280もの星座が設けられていました。

星座と星座の間の空白域にヘベリウスなどの天文学者たちが勝手気ままに星座づくりを競いあうようになり、混乱が起こりました。

● 88星座の確定

一方、天文学が発展すると、星の位置を正しく示す必要が出てきたりしはじめたため、勝手気ままな星座づくりは反省され、星座境界線などをきちんと整理することになりました。

1930年、国際天文学連合は、全天に88星座を設け、星座の境界も赤経、赤緯の線にそったものに定め、現在の星座が確立することになりました。

現代科学の最先端をいく天文学の世界に、古代人ののびやかなロマンチシズムを感じることができる星座が残され、星の位置をあらわしたりするのに重宝されているのは、なんとも楽しいことではありませんか。

星座一覧表 — 全天88星座のデータ

全天に88の星座がきめられていますが、このうち日本からまったく見ることのできない星座は、天の南極付近の4星座だけで、あとはごく一部分にしろ日本で見ることができます。ここでは、各星座の宵のころ見えやすくなる季節や方向、見つけ方の目やすになるポイントを大まかに示しておきましょう。

星座名	学名（略符）	赤経	赤緯	20時南中	面積	肉眼星数	設定者	備考
アンドロメダ座	Andromeda (And)	00h46m	+37°	11月27日	722平方度	54	プトレマイオス	大銀河M31
いっかくじゅう座 (一角獣)	Monoceros (Mon)	07h01m	+1°	3月3日	482平方度	36	バルチウス	冬の大三角の中
いて座 * (射手)	Sagittarius (Sgr)	19h03m	−29°	9月2日	867平方度	65	プトレマイオス	銀河系の中心方向・南斗六星
いるか座 (海豚)	Delphinus (Del)	20h39m	+12°	9月26日	189平方度	11	プトレマイオス	小さな菱形
インディアン座☆	Indus (Ind)	21h55m	−60°	10月7日	294平方度	13	バイヤー	一部が見える
うお座 * (魚)	Pisces (Psc)	00h26m	+13°	11月22日	889平方度	50	プトレマイオス	北と西の二匹の魚
うさぎ座 (兎)	Lepus (Lep)	05h31m	−19°	2月6日	290平方度	28	プトレマイオス	オリオン座の下（南）
うしかい座 (牛飼)	Bootes (Boo)	14h40m	+31°	6月26日	907平方度	53	プトレマイオス	1等星アルクトゥルス
うみへび座 (海蛇)	Hydra (Hya)	11h33m	−14°	4月25日	1303平方度	71	プトレマイオス	全天一東西に長い
エリダヌス座	Eridanus (Eri)	03h15m	−29°	1月14日	1138平方度	79	プトレマイオス	鹿児島以南で全部が見える
おうし座 * (牡牛)	Taurus (Tau)	04h39m	+16°	1月24日	797平方度	98	プトレマイオス	プレアデス・ヒアデス星団
おおいぬ座 (大犬)	Canis Major (CMa)	06h47m	−22°	2月26日	380平方度	56	プトレマイオス	全天一明るいシリウス
おおかみ座 (狼)	Lupus (Lup)	15h09m	−43°	7月3日	334平方度	50	プトレマイオス	南に低い
おおぐま座 (大熊)	Ursa Major (UMa)	11h16m	+51°	5月3日	1280平方度	71	プトレマイオス	北斗七星
おとめ座 * (乙女)	Virgo (Vir)	13h21m	−4°	6月7日	1294平方度	58	プトレマイオス	白い一等星スピカ
おひつじ座 * (牡羊)	Aries (Ari)	02h35m	+21°	12月25日	441平方度	28	プトレマイオス	への字を裏返しにした形
オリオン座	Orion (Ori)	05h32m	+6°	2月5日	594平方度	77	プトレマイオス	三つ星とM42
がか座☆ (画架)	Pictor (Pic)	05h41m	−54°	2月8日	247平方度	15	ラカイユ	一部が見える
カシオペヤ座	Cassiopeia (Cas)	01h16m	+62°	12月2日	598平方度	51	プトレマイオス	W字形
かじき座☆ (旗魚)	Dorado (Dor)	05h14m	−60°	1月31日	179平方度	15	バイヤー	一部が見える
かに座 * (蟹)	Cancer (Cnc)	08h36m	+20°	3月26日	506平方度	23	プトレマイオス	プレセペ星団
かみのけ座 (髪)	ComaBerenices (Com)	12h45m	+24°	5月28日	386平方度	23	ティコ・ブラーエ	散開星団の星座
カメレオン座★	Chamaeleon (Cha)	10h40m	−79°	4月28日	132平方度	13	バイヤー	南天のため見えず
からす座 (烏)	Corvus (Crv)	12h24m	−18°	5月23日	184平方度	11	プトレマイオス	いびつな小四辺形
かんむり座 (冠)	Corona Borealis (CrB)	15h48m	+33°	7月13日	179平方度	22	プトレマイオス	小半円形の7個の星
きょしちょう座☆ (巨嘴鳥)	Tucana (Tuc)	23h43m	−67°	11月13日	295平方度	15	バイヤー	一部が見える
ぎょしゃ座 (馭者)	Auriga (Aur)	06h01m	+42°	2月15日	657平方度	47	プトレマイオス	五角形と1等星カペラ
きりん座 (麒麟)	Camelopardalis (Cam)	08h48m	+69°	2月10日	757平方度	45	ヘベリウス（プランシウス）	北極星に近い
くじゃく座☆ (孔雀)	Pavo (Pav)	19h33m	−66°	9月5日	378平方度	28	バイヤー	一部が見える
くじら座 (鯨)	Cetus (Cet)	01h38m	−8°	12月13日	1231平方度	58	プトレマイオス	変光星ミラ
ケフェウス座	Cepheus (Cep)	02h15m	+70°	10月17日	588平方度	57	プトレマイオス	淡い五角形
ケンタウルス座	Centaurus (Cen)	13h01m	−48°	6月7日	1060平方度	101	プトレマイオス	南の地平線で上半身だけ
けんびきょう座 (顕微鏡)	Microscopium (Mic)	20h55m	−37°	9月30日	210平方度	15	ラカイユ	南に低い
こいぬ座 (小犬)	Canis Minor (CMi)	07h36m	+7°	3月11日	183平方度	13	プトレマイオス	1等星プロキオン
こうま座 (小馬)	Equuleus (Equ)	21h08m	+8°	10月5日	72平方度	5	プトレマイオス	ペガスス座の鼻先
こぎつね座 (小狐)	Vulpecula (Vul)	20h12m	+24°	9月20日	268平方度	29	ヘベリウス	はくちょう座の十字架の下
こぐま座 (小熊)	Ursa Minor (UMi)	15h40m	+78°	7月13日	256平方度	18	プトレマイオス	北極星
こじし座 (小獅子)	Leo Minor (LMi)	10h11m	+33°	4月22日	232平方度	15	ヘベリウス	ししの大がま（鎌）の上（北）
コップ座	Crater (Crt)	11h21m	−16°	5月8日	282平方度	11	プトレマイオス	からす座の四辺形の右（西）
こと座 (琴)	Lyra (Lyr)	18h49m	+37°	8月29日	286平方度	26	プトレマイオス	七夕の織女星ベガ

星座名		学名(略符)	赤経	赤緯	20時南中	面　積	肉眼星数	設定者	備　考
コンパス座☆		Circinus (Cir)	14h30m	−62°	6月30日	93平方度	10	ラカイユ	一部が見える
さいだん座☆	(祭壇)	Ara (Ara)	17h18m	−57°	8月5日	237平方度	19	プトレマイオス	さそり座の下(南)
さそり座	＊ (蠍)	Scorpius (Sco)	16h49m	−27°	7月23日	497平方度	62	プトレマイオス	アンタレスとS字のカーブ
さんかく座	(三角)	Triangulum (Tri)	02h08m	+31°	12月17日	132平方度	12	プトレマイオス	アンドロメダ座の下、M33
しし座	＊ (獅子)	Leo (Leo)	10h37m	+14°	4月25日	947平方度	52	プトレマイオス	大鎌とレグルス
じょうぎ座☆	(定規)	Norma (Nor)	15h58m	−51°	7月18日	165平方度	14	ラカイユ	一部が見える
たて座	(楯)	Scutum (Sct)	18h37m	−10°	8月25日	109平方度	9	ヘベリウス	いて座の上の天の川
ちょうこくぐ座☆	(彫刻具)	Caelum (Cae)	04h40m	−38°	1月29日	125平方度	4	ラカイユ	一部が見える
ちょうこくしつ座	(彫刻室)	Sculptor (Scl)	00h24m	−33°	11月25日	475平方度	15	ラカイユ	くじら座の下(南)
つる座	(鶴)	Grus (Gru)	22h25m	−47°	10月22日	366平方度	24	バイヤー	地平線上の2つの星
テーブルさん座★	(テーブル山)	Mensa (Men)	05h28m	−78°	2月10日	153平方度	8	ラカイユ	南天のため見えない
てんびん座	＊ (天秤)	Libra (Lib)	15h08m	−15°	7月6日	538平方度	35	プトレマイオス	くの字を裏返した形
とかげ座	(蜥蜴)	Lacerta (Lac)	22h25m	+46°	10月24日	201平方度	23	ヘベリウス	ペガスス座の足下(北)
とけい座☆	(時計)	Horologium (Hor)	03h15m	−54°	1月6日	249平方度	10	ラカイユ	一部が見える
とびうお座☆	(飛魚)	Volans (Vol)	07h48m	−70°	3月13日	141平方度	14	バイヤー	一部が見える
とも座	(船尾)	Puppis (Pup)	07h14m	−31°	3月13日	673平方度	93	ラカイユ	アルゴ船の一部
はえ座☆	(蝿)	Musca (Mus)	12h31m	−70°	5月26日	138平方度	19	バイヤー	一部が見える
はくちょう座	(白鳥)	Cygnus (Cyg)	20h34m	+45°	9月25日	804平方度	79	プトレマイオス	北の十字
はちぶんぎ座★	(八分儀)	Octans (Oct)	21h00m	−83°	10月2日	291平方度	17	ラカイユ	見えない、天の南極
はと座	(鳩)	Columba (Col)	05h45m	−35°	2月10日	270平方度	24	ロワイエ	うさぎ座の南
ふうちょう座★	(風鳥)	Apus (Aps)	16h01m	−75°	7月18日	206平方度	10	バイヤー	南天のため見えない
ふたご座	＊ (双子)	Gemini (Gem)	07h01m	+23°	3月3日	514平方度	47	プトレマイオス	カストル、ポルックスの兄弟星
ペガスス座		Pegasus (Peg)	22h39m	+19°	10月25日	1121平方度	57	プトレマイオス	大四辺形
へび座(頭部)	(蛇)	(Ser)	15h35m	+8°	7月12日	428平方度	25	プトレマイオス	頭と尾に分割
へび座(尾部)	(蛇)	Serpens (Ser)	18h00m	−5°	8月17日	208平方度	10	プトレマイオス	頭と尾に分割
へびつかい座	(蛇遣)	Ophiuchus (Oph)	17h20m	−8°	8月5日	948平方度	55	プトレマイオス	将棋の駒の形
ヘルクレス座		Hercules (Her)	17h21m	+28°	8月5日	1225平方度	85	プトレマイオス	大球状星団M13
ペルセウス座		Perseus (Per)	03h06m	+45°	1月6日	615平方度	65	プトレマイオス	変光星アルゴル
ほ座☆	(帆)	Vela (Vel)	09h43m	−47°	4月10日	499平方度	76	ラカイユ	アルゴ船の一部
ぼうえんきょう座	(望遠鏡)	Telescopium (Tel)	19h16m	−51°	9月2日	252平方度	17	ラカイユ	いて座の南
ほうおう座☆	(鳳凰)	Phoenix (Phe)	00h54m	−49°	12月2日	469平方度	27	バイヤー	秋の南の地平線上
ポンプ座		Antila(Ant)	10h14m	−32°	4月17日	239平方度	9	ラカイユ	うみへび座の南
みずがめ座	＊ (水瓶)	Aquarius (Aqr)	22h15m	−11°	10月22日	980平方度	56	プトレマイオス	逆Yの字形
みずへび座☆	(水蛇)	Hydrus (Hyi)	02h16m	−70°	12月27日	243平方度	14	バイヤー	沖縄で一部見える
みなみじゅうじ座	(南十字)	Crux (Cru)	12h24m	−60°	5月23日	68平方度	20	ロワイエ	沖縄で全景が見える
みなみのうお座	(南魚)	Piscis Austrinus (PsA)	22h14m	−31°	10月17日	245平方度	15	プトレマイオス	1等星フォーマルハウト
みなみのかんむり座	(南冠)	Corona Australis (CrA)	18h35m	−42°	8月25日	128平方度	21	プトレマイオス	いて座の下の小半円形
みなみのさんかく座☆	(南三角)	Triangulum Australe (TrA)	15h59m	−65°	7月13日	110平方度	12	バイヤー	一部が見える
や座	(矢)	Sagitta (Sge)	19h37m	+19°	9月12日	80平方度	8	プトレマイオス	はくちょう座のくちばし辺り
やぎ座	＊ (山羊)	Capricornus (Cap)	21h00m	−18°	9月30日	414平方度	31	プトレマイオス	逆三角形
やまねこ座	(山猫)	Lynx (Lyn)	07h56m	+47°	3月16日	545平方度	31	ヘベリウス	かに座の北
らしんばん座	(羅針盤)	Pyxis (Pyx)	08h56m	−27°	3月31日	221平方度	12	ラカイユ	アルゴ船の一部
りゅう座	(竜)	Draco (Dra)	15h09m	+67°	8月2日	1083平方度	79	プトレマイオス	大びしゃく、小びしゃくの間に
りゅうこつ座☆	(竜骨)	Carina (Car)	08h40m	−63°	3月28日	494平方度	77	ラカイユ	カノープス
りょうけん座	(猟犬)	Canes Venatici (CVn)	13h04m	+41°	6月2日	465平方度	15	ヘベリウス	コル・カロリ
レチクル座☆		Reticulum (Ret)	03h54m	−60°	1月14日	114平方度	11	ラカイユ	一部が見える
ろ座	(炉)	Fornax (For)	02h46m	−32°	12月23日	398平方度	12	ラカイユ	エリダヌス座の西
ろくぶんぎ座	(六分儀)	Sextans (Sex)	10h14m	−2°	4月20日	314平方度	5	ヘベリウス	しし座の下(南)
わし座	(鷲)	Aquila (Aql)	19h37m	+4°	9月10日	652平方度	47	プトレマイオス	七夕の牽牛星アルタイル

※太字の＊マークは黄道星座　☆一部分が見える星座　★全く見えない星座　肉眼星数は5.5等星以上の星

天文用語

距離・絶対等級・星の色

星の距離 "光年"

星までの距離は、ものすごく遠くて、メートルやキロメートルでは数字が大きくなりすぎて不便です。そこで1秒間に約30万キロメートル進む光のスピードで、1年かかって届く距離を"1光年"といいあらわす単位を使います。1光年は1年前の光でもあるわけです。

1光年は 9兆4605億2834万8000km

絶対等級

星までの距離はまちまちなので、見ている明るさがそのまま本当の明るさというわけではありません。そこですべての星を32.6光年のところにもってきて明るさくらべをすると本当の明るさがわかることになります。つまり、その星の実力の明るさが"絶対等級"というわけです。

星の色のちがい

夜空にはさまざまな色の星が輝いています。星座を形づくっている恒星の色のちがいは、表面の温度のちがいによるものです。表面温度の高い星は白っぽく、低い星は赤っぽく見えます。太陽の表面温度は6000度なので遠くから見ると黄色い星として見えます。

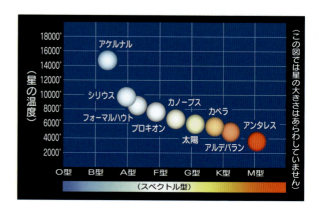

明るい星のデータ

1等星と2等星のリスト

2.0等星より明るい星の位置や肉眼で見たときの明るさ、距離のデータが示してあります。距離は400光年以上のものについては、精度が落ちるものもあります。下の1等星の表の絶対等級は、前のページの解説どおりとなります。

▼**1等星のリスト** 全天21個の1等星の明るい順にならべたものです。このうちオリオン座のベテルギウスは5.8年の周期で0.0等から1.3等まで、さそり座のアンタレスは4.7年の周期で0.9等から1.8等まで明るさを変える半規則変光星で、明るく見える年もあれば少し暗めに見える年もあります。

順位	恒星	光度（等）	距離（光年）	絶対等級
1	シリウス	−1.5	8.6	1.4
2	カノープス	−0.7	309	−5.6
3	ケンタウルス座α	−0.3d	4.3	4.1
4	アルクトゥルス	−0.06	37	−0.3
5	ベガ	0.0	25.3	0.6
6	カペラ	0.1d	43	−0.5
7	リゲル	0.1	863	−7.0
8	ベテルギウス	0.4v	498	−5.5
9	プロキオン	0.4	11.4	2.7
10	アケルナル	0.5	139	−2.7
11	ケンタウルス座β	0.6	392	−4.8
12	アルタイル	0.8	16.8	2.2
13	アルデバラン	0.9	67	−0.8
14	南十字α	0.8d	322	−4.2
15	スピカ	1.0d	250	−3.4
16	アンタレス	1.0v	554	−5.1
17	ポルックス	1.1	34	1.0
18	フォーマルハウト	1.2	25	1.8
19	デネブ	1.2	1412	−6.9
20	南十字β	1.2	279	−3.4
21	レグルス	1.4	79	−0.6

▲1等星のリスト（1.49等以上）

星名	2000.0 赤経 (h m)	赤緯 (°　')	実視等級 (等)※	距離 (光年)
くじら座β星	0 43.6	−17 59	2.0	96
カシオペヤ座γ星	0 56.7	+60 43	2.5v	549
エリダヌス座α星（アケルナル）	1 37.7	−57 14	0.5	139
おひつじ座α星	2 07.2	+23 28	2.0	66
くじら座ο星（ミラ）	2 19.3	−2 59	3.0v	299
こぐま座α星（北極星）	2 31.8	+89 16	2.0	433
ペルセウス座α星	3 24.3	+49 52	1.8	506
おうし座α星（アルデバラン）	4 35.9	+16 31	0.9	67
オリオン座β星（リゲル）	5 14.5	−08 12	0.1	863
ぎょしゃ座α星（カペラ）	5 16.7	+46 00	0.1d	43
オリオン座γ星	5 25.1	+06 21	1.6	252
おうし座β星	5 26.3	+28 36	1.6	134
オリオン座ε星	5 36.2	−01 12	1.7	1977
オリオン座ζ星	5 40.8	−01 57	2.0	736
オリオン座α星（ベテルギウス）	5 55.2	+07 24	0.4v	498
ぎょしゃ座β星	5 59.5	+44 57	1.9	81
おおいぬ座β星	6 22.7	−17 57	2.0	493
りゅうこつ座α星（カノープス）	6 24.0	−52 42	−0.7	309
ふたご座γ星	6 37.7	+16 24	1.9	109
おおいぬ座α星（シリウス）	6 45.1	−16 43	−1.5	8.6
おおいぬ座ε星	6 58.6	−28 58	1.5	405
おおいぬ座δ星	7 08.4	−26 24	1.8	1607
ふたご座α星（カストル）	7 34.6	+31 53	1.6d	51
こいぬ座α星（プロキオン）	7 39.3	+05 14	0.4	11.4
ふたご座β星（ポルックス）	7 45.3	+28 02	1.1	34
ほ座γ星	8 09.5	−47 21	1.7dv	1117
りゅうこつ座ε星	8 22.5	−59 31	1.9d	605
ほ座δ星	8 44.7	−54 43	2.0	81
りゅうこつ座β星	9 13.2	−69 43	1.7	113
うみへび座α星	9 27.6	−08 40	2.0	180
しし座α星（レグルス）	10 08.4	+11 58	1.4	79
しし座γ星	10 20.0	+19 51	2.3d	130
おおぐま座α星	11 03.7	+61 45	1.8d	123
みなみじゅうじ座α星	12 26.6	−63 06	0.8d	322
みなみじゅうじ座γ星	12 31.2	−57 07	1.6	89
みなみじゅうじ座β星	12 47.7	−59 41	1.2	279
おおぐま座ε星	12 54.0	+55 58	1.8	83
おとめ座α星（スピカ）	13 25.2	−11 10	1.0d	250
おおぐま座η星	13 47.5	+49 19	1.9	104
ケンタウルス座β星	14 03.8	−60 22	0.6	392
うしかい座α星（アルクトゥルス）	14 15.7	+19 11	−0.06	37
ケンタウルス座α星	14 39.6	−60 50	−0.3d	4.3
さそり座α星（アンタレス）	16 29.4	−26 26	1.0v	554
みなみのさんかく座α星	16 48.7	−69 02	1.9	391
さそり座λ星	17 33.6	−37 06	1.6d	571
さそり座θ星	17 37.3	−43 00	1.9	300
いて座ε星	18 24.2	−34 23	1.9	143
こと座α星（ベガ）	18 36.9	+38 47	0.0	25.3
いて座σ星	18 55.3	−26 18	2.0	228
わし座α星（アルタイル）	19 50.8	+08 52	0.8	16.8
くじゃく座α星	20 25.6	−56 44	1.9	179
はくちょう座α星（デネブ）	20 41.8	+45 17	1.2	1412
つる座α星	22 08.2	−46 58	1.7	101
つる座β星	22 42.7	−46 53	2.1	177
みなみのうお座α星（フォーマルハウト）	22 57.6	−29 37	1.2	25

※実視等級のうちdは二重星の合成等級、vは変光星の極大等級、色欄は1等星

▲2.0等星より明るい星のデータ

星座データ

星座の大きさくらべ

全天88星座

夜空には全部で88の星座がきめられています。この本ではそのすべてが写真や星座図とともに紹介してあります。しかし、星座の中にはうみへび座のように東西に100度もの長さのある巨大な星座もあれば、南十字星のように全天一小さな豆星座もあり、各解説ごとに、そのスケールが同じになっているというわけでもありません。そこで各星座のおよその大きさが見くらべられるように、ここでは88星座すべてを同じスケールの絵柄で示してあります。アイウエオ順の星座名のほか、解説ページも示してあり、索引としても利用できます。なお、星座のデータは各解説ページのタイトルの欄に、星座の一覧表は280〜281ページに示してあります。

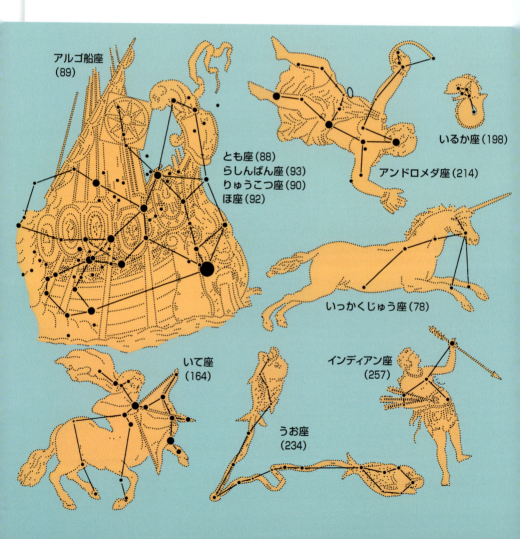

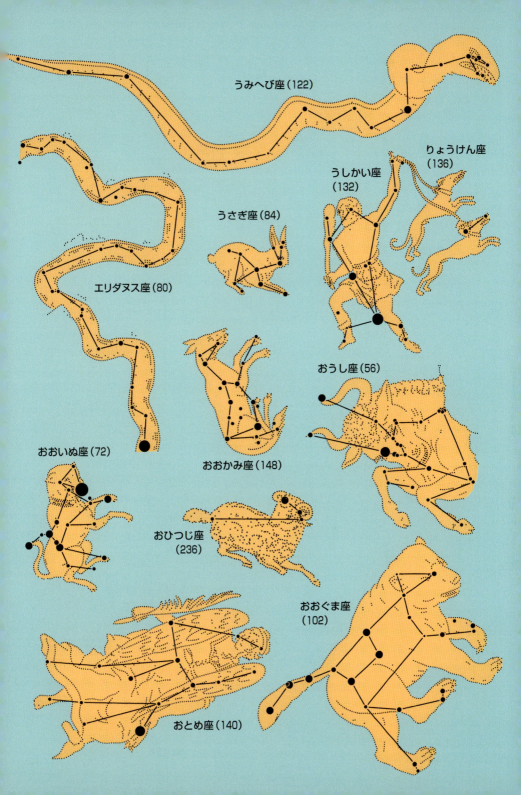

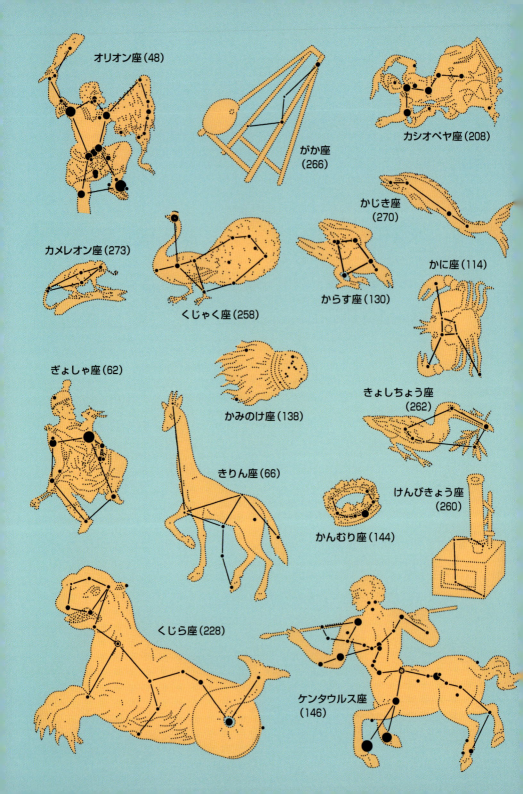

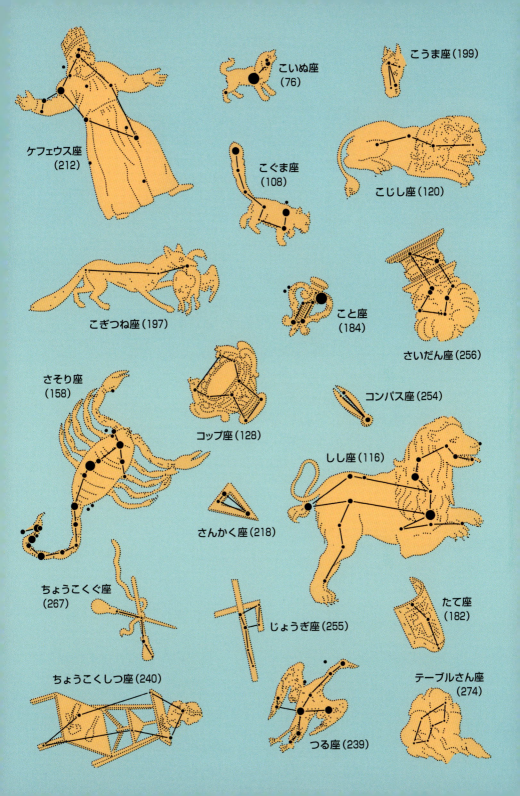

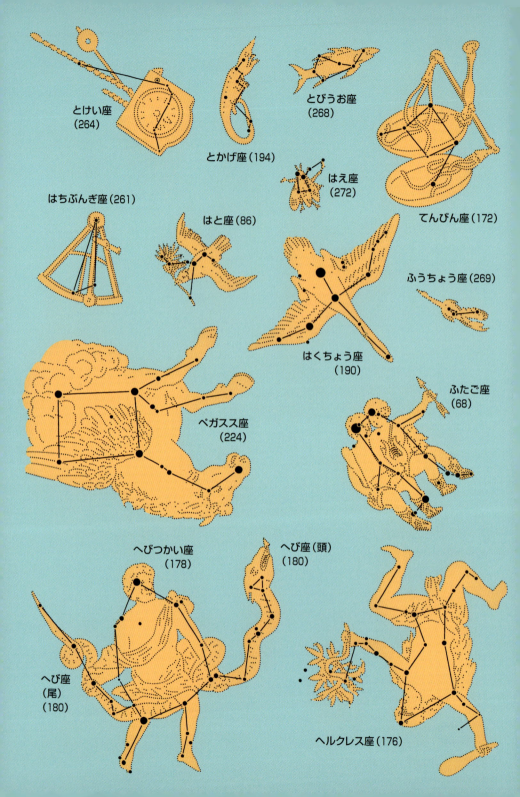

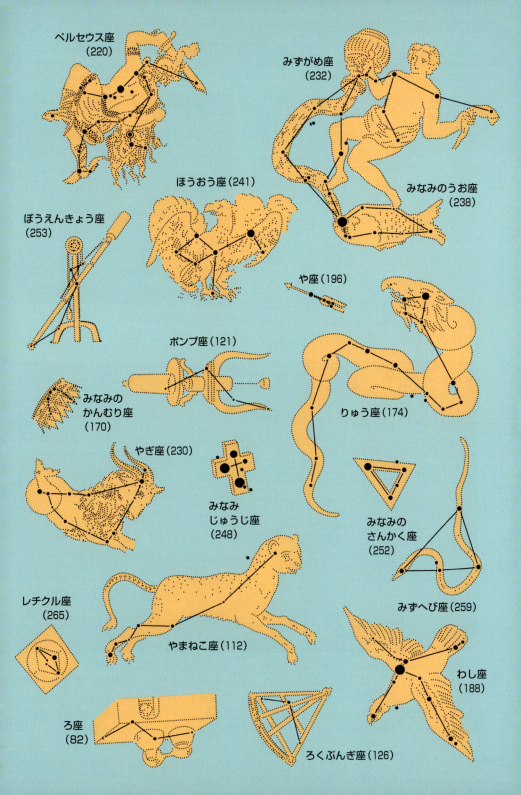

星空の移り変わり

日周運動と年周運動

30ページと32ページにお話ししてあるように、星空は一晩のうちにも「日周運動」で移り変わり、1年のうちにも「年周運動」で移り変わっていきます。その星空の移り変わるようすを知るには、310ページにある「星座早見」やパソコンによる「星空シミュレーション」などを利用するのがよいのですが、ここでは星空の移り変わるようすを知るための、全天の星空のようすを292ページから303ページまで掲げてありますので、「簡易星座早見」として利用できます。

▲円形星座図の高度と方位　円の中心が天頂です。

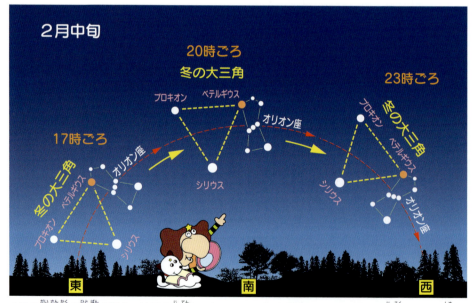

▲冬の大三角の一晩の動き　地球の自転につれ星座たちは、東から昇って西へと動いていきます。太陽が東から昇って西へしずんでいくのと同じことですが、これが星空の一晩の動き「日周運動」で30ページに解説があります。上の図は冬の大三角の一晩の動きを時刻とともに示したものですが、次のページの上の表を利用すれば、「見たい月日の時刻ごとの星空のようす」が292〜303ページに掲げてあるどの星座図に当たるのかを知ることができます。

上旬	下旬	1月	2月	3月	4月	5月	6月	7月	8月	9月	10月	11月	12月
1時	0時	294	295	296	297	298	299	300	301	302	303	292	293
3	2	295	296	297	298	299	300	301	302	303	292	293	294
5	4	296	297	298	299	300	301	302	303	292	293	294	295
7	6	―	―	―	―	―	―	―	―	―	―	―	―
昼	昼	―	―	―	―	―	―	―	―	―	―	―	―
17時	16時	302	303	292	293	294	295	296	297	298	299	300	301
19	18	303	292	293	294	295	296	297	298	299	300	301	302
21	20	292	293	294	295	296	297	298	299	300	301	302	303
23	22	293	294	295	296	297	298	299	300	301	302	303	292

▲簡易星座早見図の見方　292ページから303ページに示してある円形の全天星座図は、各月の上旬の午後8時(20時)ごろのようすが示してあります。この星座図と上の表を使うと、見たい月日の時刻の星空のようすも知ることができます。たとえば、10月上旬ごろの午前5時ごろに目をさまして、夜空を見あげると293ページの星座図と同じ星空が見えていることがわかるというわけです。上の表中の数字は、そのとき見える星座図のページが示してあります。

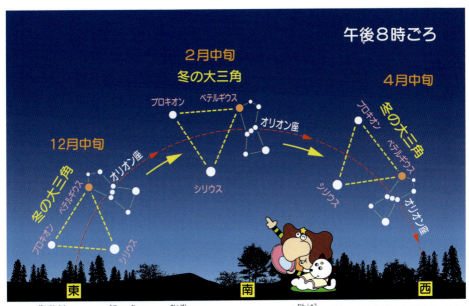

▲冬の大三角の季節の移り変わり　毎晩同じ時刻、たとえば、午後8時ごろ星空を見あげていると同じ星座が、毎日約4分ずつ、半月で1時間、1か月で2時間も早く姿を見せるようになってくるのがわかります。これが32ページにお話ししてある「年周運動」で、地球が1年がかりで太陽のまわりをまわるうちに、背後に見える星座が変わっていくことによる星座の一年の移り変わりです。そのようすが、292ページから303ページまでの毎月の全天星座図で示してあります。

星座データ

1月

見える時刻	
9月下旬	：午前4時ごろ
10月上旬	：午前3時ごろ
10月下旬	：午前2時ごろ
11月上旬	：午前1時ごろ

見える時刻	
11月下旬	：午前0時ごろ
12月上旬	：午後11時ごろ
12月下旬	：午後10時ごろ
1月上旬	：午後9時ごろ
1月下旬	：午後8時ごろ

▲**1月下旬午後8時ごろの星空** 秋の星座たちが西空に移り、冬の星座たちが東半分をおおうようになり、いよいよ本格的な冬の星空のシーズン入りとなります。星座を見つけるための目じるしは、なんといっても全天一明るいおおいぬ座のシリウスと、赤味をおびたオリオン座のベテルギウス、それに、こいぬ座のプロキオンの3個の1等星で形づくる「冬の大三角」です。午後10時ごろになると、次ページの星座図と同じ本格的に冬の星座たちが見やすくなってきます。

▲火星のいるおうし座

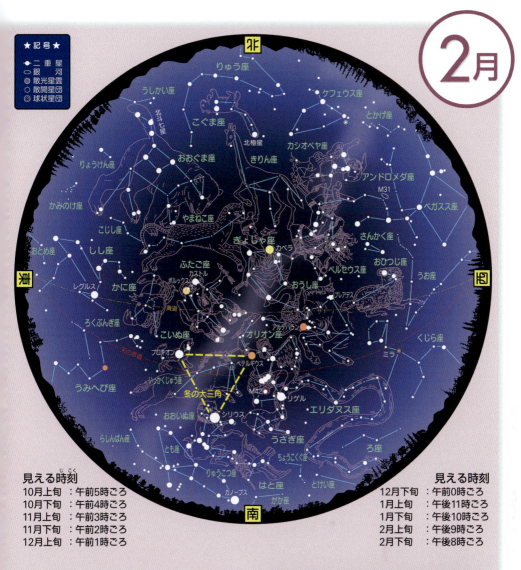

見える時刻		見える時刻	
10月上旬	：午前5時ごろ	12月下旬	：午前0時ごろ
10月下旬	：午前4時ごろ	1月上旬	：午後11時ごろ
11月上旬	：午前3時ごろ	1月下旬	：午後10時ごろ
11月下旬	：午前2時ごろ	2月上旬	：午後9時ごろ
12月上旬	：午前1時ごろ	2月下旬	：午後8時ごろ

▲ **2月下旬午後8時ごろの星空** 全天一明るいおおいぬ座のシリウスと、赤味をおびたオリオン座のベテルギウス、それにこいぬ座の白色のプロキオンの3個の1等星を結んでできる「冬の大三角」が南の中天にかかり、冬の星座たちが出そろって星空がまぶしいほどです。夜空の暗く澄んだ場所なら凍てつくような透明な大気に助けられて、清流のような淡い天の川が、冬の大三角の中ほどをななめに横切って、流れ下るようすが、思ったよりよく見えることでしょう。

▲土星のいるふたご座

星座データ

3月

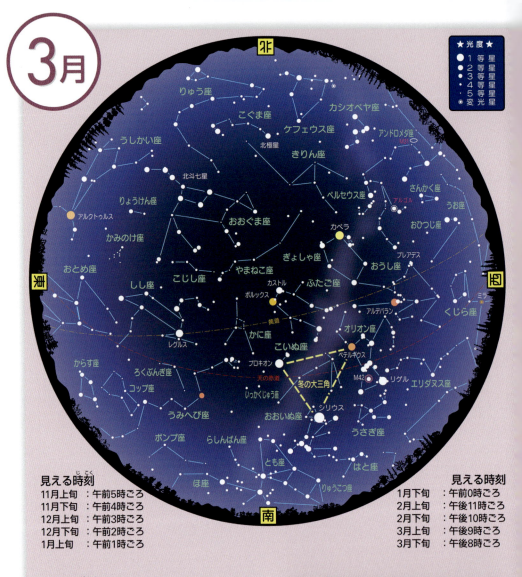

見える時刻
11月上旬 : 午前5時ごろ
11月下旬 : 午前4時ごろ
12月上旬 : 午前3時ごろ
12月下旬 : 午前2時ごろ
1月上旬 : 午前1時ごろ

見える時刻
1月下旬 : 午前0時ごろ
2月上旬 : 午後11時ごろ
2月下旬 : 午後10時ごろ
3月上旬 : 午後9時ごろ
3月下旬 : 午後8時ごろ

▲**3月下旬午後8時ごろの星空** 3月21日ごろが昼夜を等しく分ける春分の日なので、冬のころにくらべると、日の暮れるのがずいぶん遅くなったのが実感されるようになります。桜前線の北上も急ピッチで、それと同時に、星空の方も春がすみめいてきます。西の空にはまだ冬の名ごりの冬の大三角などが居残っていますが、それも早い時刻のうちに西の地平線へと姿を消し、かわって北斗七星やしし座など春の星座たちが、勢いよく駆け昇ってくるのが見られます。

▲木星のいるかに座

4月

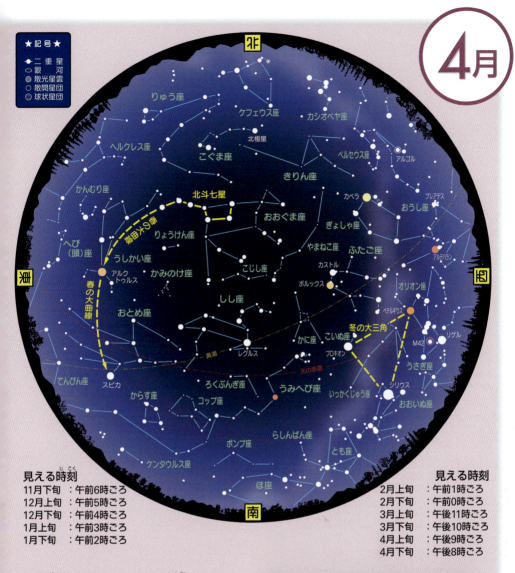

★記号★
- ● 二重星
- ○ 銀河
- ◎ 散光星雲
- ⊙ 散開星団
- ◉ 球状星団

見える時刻
- 11月下旬 ： 午前6時ごろ
- 12月上旬 ： 午前5時ごろ
- 12月下旬 ： 午前4時ごろ
- 1月上旬 ： 午前3時ごろ
- 1月下旬 ： 午前2時ごろ

見える時刻
- 2月上旬 ： 午前1時ごろ
- 2月下旬 ： 午前0時ごろ
- 3月上旬 ： 午後11時ごろ
- 3月下旬 ： 午後10時ごろ
- 4月上旬 ： 午後9時ごろ
- 4月下旬 ： 午後8時ごろ

▲**4月下旬午後8時ごろの星空** 春分の日をすぎて日暮れが遅くなり、夜明けが早くなったと実感させられるようになってくるころです。夜の冷え込みもゆるんで心地よい春の夜風の中での星座ウォッチングとなりますが、目じるしは東の空でゆるやかなカーブを描く「春の大曲線」です。宵のころは地平線にたれ下がるようなカーブで低く見えていますが、午後10時ごろになると次ページのように高くなり、午前0時ごろには頭上あたりまで昇りつめてきます。

▲木星のいるしし座

星座データ

5月

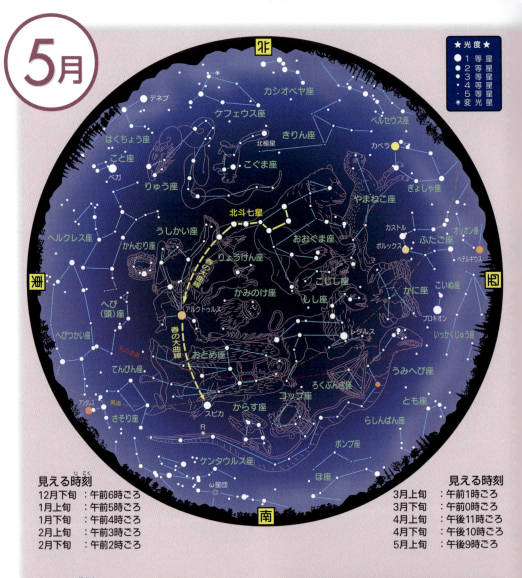

見える時刻
12月下旬 ：午前6時ごろ
1月上旬 ：午前5時ごろ
1月下旬 ：午前4時ごろ
2月上旬 ：午前3時ごろ
2月下旬 ：午前2時ごろ

見える時刻
3月上旬 ：午前1時ごろ
3月下旬 ：午前0時ごろ
4月上旬 ：午後11時ごろ
4月下旬 ：午後10時ごろ
5月上旬 ：午後9時ごろ

▲5月下旬午後8時ごろの星空　6月21日ごろの夏至の日が近づいて、日暮れの時刻がますます遅くなり、西日本ではまだ薄明かりが完全に終わりきっていない地方もあることでしょう。新緑の季節の頭上にあおぐのは、北の空高く昇った北斗七星の弓なりにそりかえったカーブをそのまま延長してうしかい座のオレンジ色の1等星のアルクトゥルスから、南のおとめ座の白色の1等星スピカへと大きく優雅なカーブを描く「春の大曲線」です。

▲木星のいるおとめ座

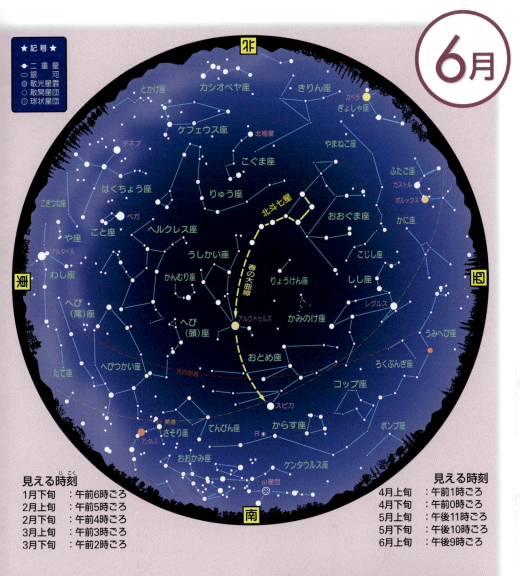

6月

見える時刻
1月下旬 ：午前6時ごろ
2月上旬 ：午前5時ごろ
2月下旬 ：午前4時ごろ
3月上旬 ：午前3時ごろ
3月下旬 ：午前2時ごろ

4月上旬 ：午前1時ごろ
4月下旬 ：午前0時ごろ
5月上旬 ：午後11時ごろ
5月下旬 ：午後10時ごろ
6月上旬 ：午後9時ごろ

▲**6月下旬午後8時ごろの星空** 6月21日ごろが、一年中で最も日暮れが遅くなるころなので、この時刻では、まだ薄明かり中で、星空がよく見えない地方もあることでしょう。そんな薄明かりの星空に見えているのは「春の大曲線」です。目を引くのは、頭上で輝くオレンジ色のアルクトゥルスで、1等星の仲間とはいえ、実際には－0.06等星というすばらしい明るさです。東の空低くには、早くも七夕の織女星ベガや牽牛星アルタイルも姿を見せています。

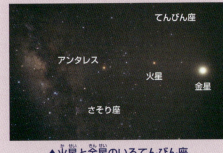

▲火星と金星のいるてんびん座

星座データ

7月

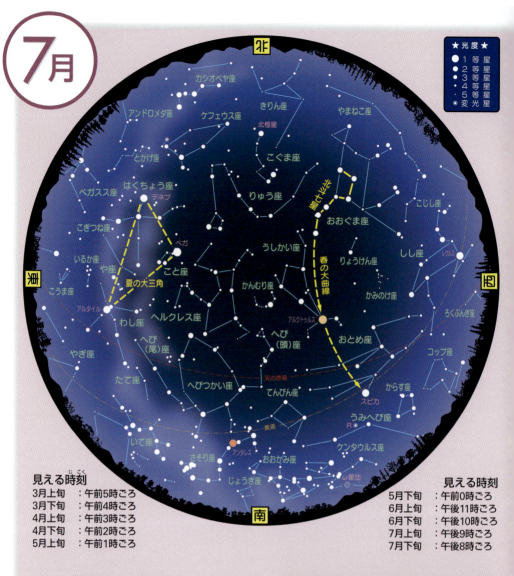

見える時刻
- 3月上旬：午前5時ごろ
- 3月下旬：午前4時ごろ
- 4月上旬：午前3時ごろ
- 4月下旬：午前2時ごろ
- 5月上旬：午前1時ごろ

見える時刻
- 5月下旬：午前0時ごろ
- 6月上旬：午後11時ごろ
- 6月下旬：午後10時ごろ
- 7月上旬：午後9時ごろ
- 7月下旬：午後8時ごろ

▲**7月下旬午後8時ごろの星空** 7月といえば、七夕の星祭りがすぐ思い浮かびますが、7月7日はまだ日本列島は梅雨の真っ盛りで、夜空が晴れる確率が低く、七夕の二つの星にお目にかかれるチャンスは、ごく稀れというのが実際のところでしょう。おまけに宵のころは、牽牛星アルタイルと織女星ベガも東に昇って間もないので、視界のよく開けたところでもないかぎりお目にかかりくいのが本当ところで、七夕は旧暦の8月の方がよいといえます。

▲火星のいるさそり座

8月

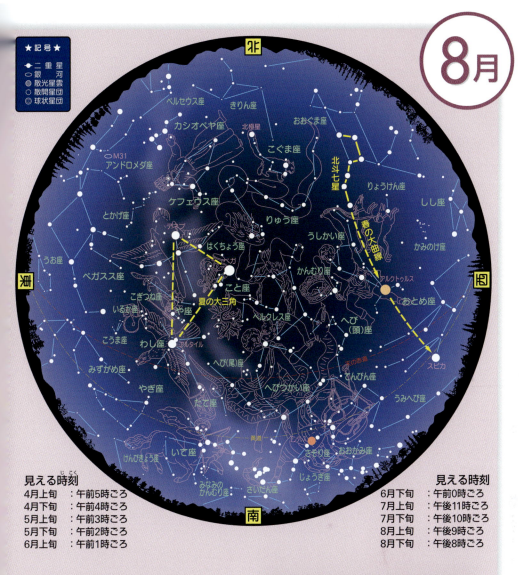

★記号★
- 二重星
- 銀河
- 散光星雲
- 散開星団
- 球状星団

見える時刻
4月上旬	午前5時ごろ
4月下旬	午前4時ごろ
5月上旬	午前3時ごろ
5月下旬	午前2時ごろ
6月上旬	午前1時ごろ

見える時刻
6月下旬	午前0時ごろ
7月上旬	午後11時ごろ
7月下旬	午後10時ごろ
8月上旬	午後9時ごろ
8月下旬	午後8時ごろ

▲**8月下旬午後8時ごろの星空** 頭上高くこと座のベガとわし座のアルタイル、それにはくちょう座のデネブの3個の1等星を結んでできる「夏の大三角」が夏の星座さがしのよい目じるしとなってくれています。ベガはもちろん七夕の織女星で、アルタイルは牽牛星です。七夕は、旧暦8月の伝統的七夕の日に楽しむのがよさそうで、宵の頭上高く明るい天の川の両岸でまたたきあう、七夕の二星の輝きが味わい深くながめられます。旧暦七夕の日は年によってちがいます。

▲土星のいるいて座

星座データ

9月

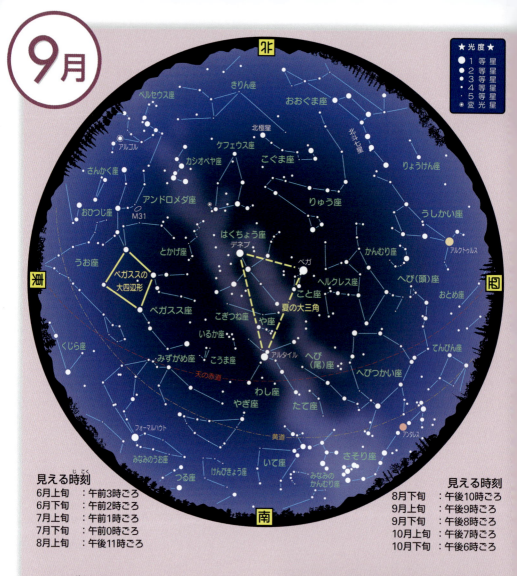

見える時刻
- 6月上旬：午前3時ごろ
- 6月下旬：午前2時ごろ
- 7月上旬：午前1時ごろ
- 7月下旬：午前0時ごろ
- 8月上旬：午後11時ごろ

見える時刻
- 8月下旬：午後10時ごろ
- 9月上旬：午後9時ごろ
- 9月下旬：午後8時ごろ
- 10月上旬：午後7時ごろ
- 10月下旬：午後6時ごろ

▲**9月下旬午後8時ごろの星空** 9月23日ごろの秋分の日を境に、日暮れが急に早まってきたように、感じさせられるころですが、そのためか、日暮れのころ頭上に見えるのは、夏のなごりの「夏の大三角」です。ここしばらく星空の見え始めの時刻が早まるため、日暮れの頭上に見えるのは、いつも夏の大三角という状態が続くことになります。東の空から姿を見せてきている淡い星座たちを見つけだすのに、この夏の大三角は、なにかと役立ってくれ便利に使えます。

▲木星のいるやぎ座

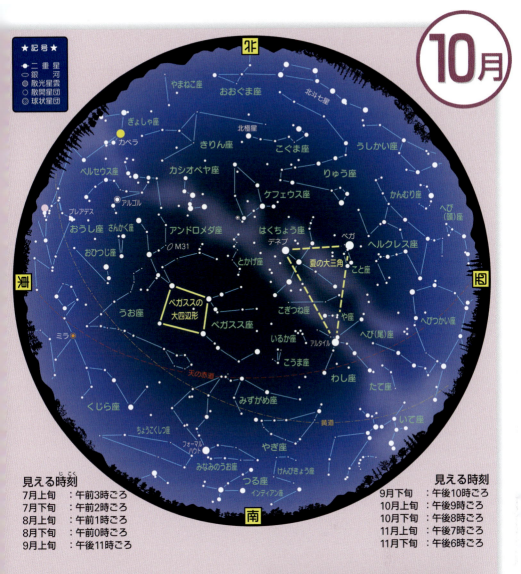

見える時刻		見える時刻	
7月上旬	：午前3時ごろ	9月下旬	：午後10時ごろ
7月下旬	：午前2時ごろ	10月上旬	：午後9時ごろ
8月上旬	：午前1時ごろ	10月下旬	：午後8時ごろ
8月下旬	：午前0時ごろ	11月上旬	：午後7時ごろ
9月上旬	：午後11時ごろ	11月下旬	：午後6時ごろ

▲10月下旬午後8時ごろの星空　秋も深まりを見せ、日暮れのころ西の空高く見えていた、夏の大三角も早い時刻のうちに西へ下がり、かわりに東の空には、秋の星座さがしのよい目じるしとなってくれている「ペガススの大四辺形」、または「秋の大四角形」とよばれる大きな四辺形が姿を見せてきています。ただし、この四辺形を形づくる4個の星は、夏の大三角などにくらべ、ずっと淡いので、町の中の夜空では、この四辺形そのものが見つけにくいこともあります。

▲大接近中の火星のいるみずがめ座

11月

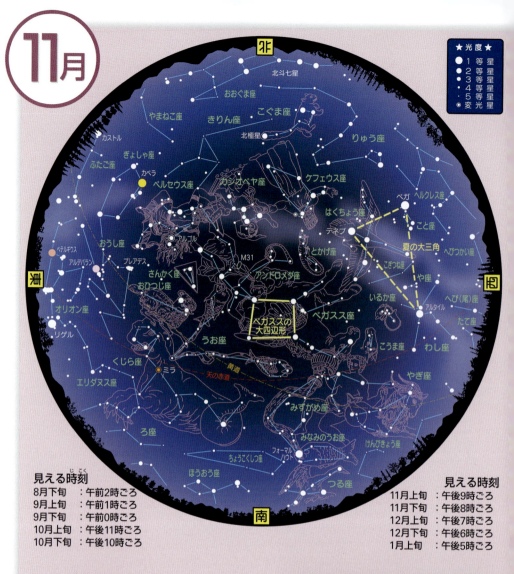

見える時刻
8月下旬 ： 午前2時ごろ
9月上旬 ： 午前1時ごろ
9月下旬 ： 午前0時ごろ
10月上旬 ： 午後11時ごろ
10月下旬 ： 午後10時ごろ

見える時刻
11月上旬 ： 午後9時ごろ
11月中旬 ： 午後8時ごろ
12月上旬 ： 午後7時ごろ
12月下旬 ： 午後6時ごろ
1月上旬 ： 午後5時ごろ

▲**11月下旬午後8時ごろの星空** 夜の冷え込みも少しきびしさが感じられるころとなりました。防寒の身仕度をしっかりととのえての、星座ウォッチングを忘れないようにしたいところです。星空が澄みわたるようになってきていますが、かんじんの秋の星座たちは星が淡く、町の中では星が見あたらずさみしい印象を受けてしまうかもしれません。しかし、古代エチオピア王国でくりひろげられる一大ロマンの星座絵巻が、楽しめる星空でもあるのです。

▲土星と木星のいるうお座

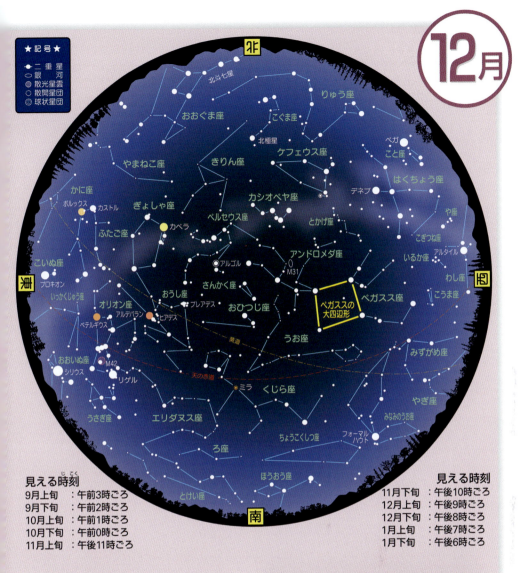

見える時刻		見える時刻	
9月上旬	午前3時ごろ	11月下旬	午後10時ごろ
9月下旬	午前2時ごろ	12月上旬	午後9時ごろ
10月上旬	午前1時ごろ	12月下旬	午後8時ごろ
10月下旬	午前0時ごろ	1月上旬	午後7時ごろ
11月上旬	午後11時ごろ	1月下旬	午後6時ごろ

▲12月下旬午後8時ごろの星空　年の暮れの気ぜわしいころですが、たまにはゆったり気分にたちかえっての星座ウォッチングがおすすめです。冷えきった大気の下で星の輝きが増してきているからです。宵のころ注目したいのは、西へ低く下がった夏の星座たちと、東の空低く姿を見せてきている冬の星座たちが、秋の星座をはさんで同時に見えているようすです。興味深いのは、明るい1等星を一度にいちばんたくさん見ることのできる季節でもあることです。

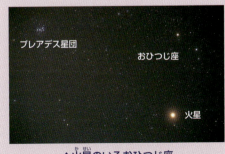

▲火星のいるおひつじ座

星座データ

全天星図

星雲・星団・二重星など

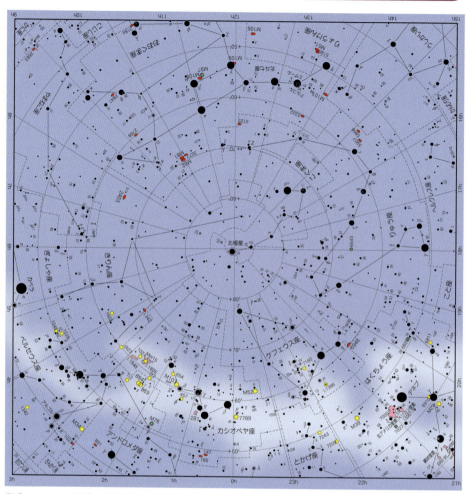

星座の中には、肉眼や双眼鏡、望遠鏡で見て楽しめる星雲や星団、二重星、変光星などがたくさんあります。それらの詳しい位置を示したのが、304から309ページまでの全天星図ですが、南の地平線上に見える星座や星の位置は、見あげる場所の緯度でちがいがあり、限界の赤緯は（観測する場所の緯度－90度）となります。たとえば、北緯35度の地では、赤緯－55度から南の星は、地平線上に昇らないので見ることができないわけです。

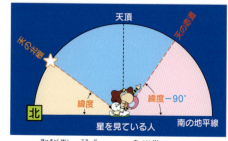

▲北極星の高度と南の地平線のようす。

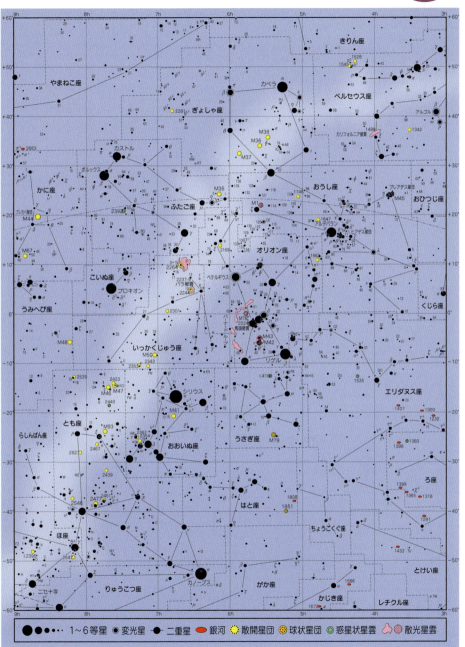

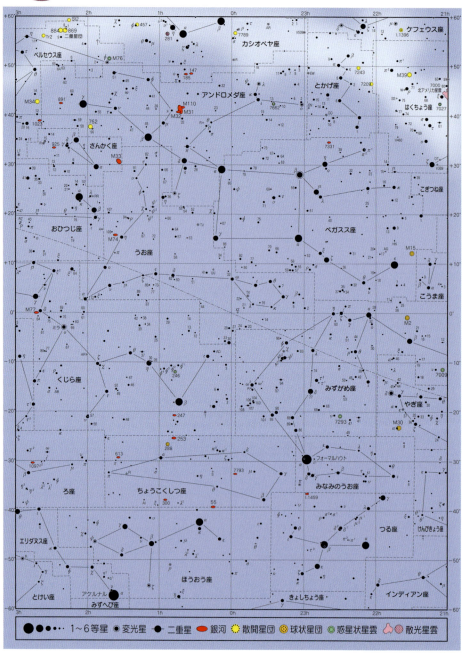

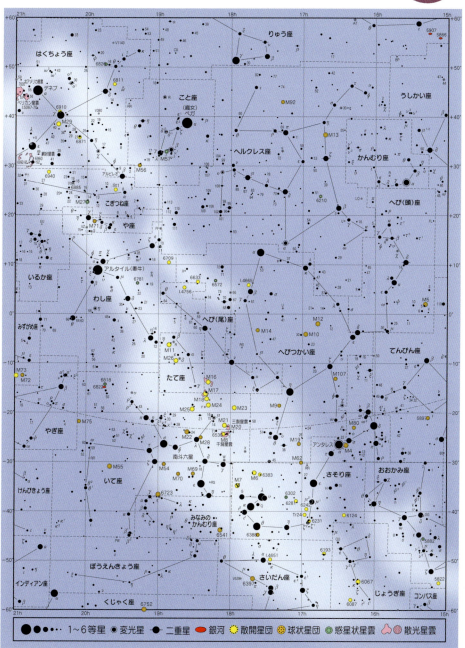

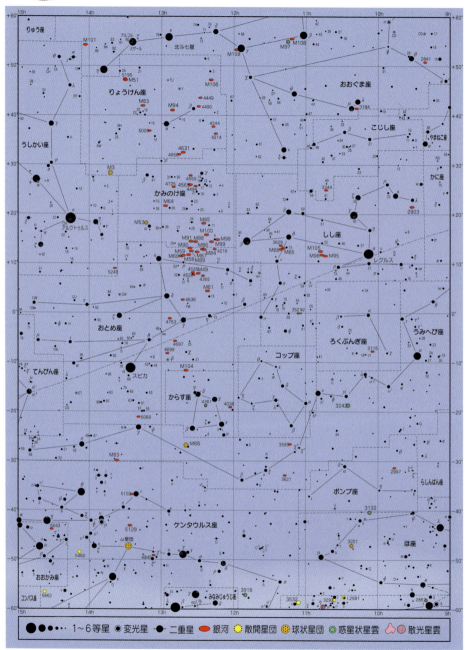

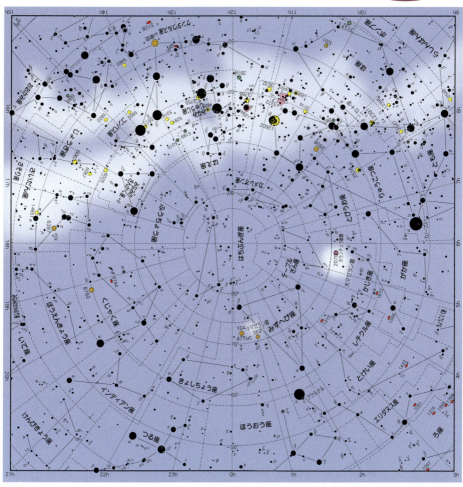

▶**星の名前と記号** 明るい星には固有名がつけられていますが、そのほかの星座の星ぼしには主にギリシャ文字の小文字の符号がつけられています。そのギリシャ文字の日本での読み方は、右の表のようになっています。

〔ギリシャ文字の読み方〕　　　　　　　　　（　）内は英語読み

α	アルファ	ι	イオタ	ρ	ロー
β	ベータ	κ	カッパ	σ	シグマ
γ	ガンマ	λ	ラムダ	τ	タウ
δ	デルタ	μ	ミュー	υ	ユープシロン
ε	エプシロン	ν	ニュー	φ	フィー（ファイ）
ζ	ゼータ	ξ	クシー	χ	キー（カイ）
η	エータ	ο	オミクロン	ψ	プシー（プサイ）
θ	セータ（シータ）	π	ピー（パイ）	ω	オーメガ（オメガ）

星座データ

星座早見

作り方と使い方

星座ウォッチングに便利な星座早見は、さまざまなタイプのものが書店などで手に入りますが、手作りするのも簡単で、その例をここに図で示しておきましょう。まず星座円盤と、そのカバーをできるだけていねいにハサミやカッターで切りぬき、カバーの中に円盤を差し込んでからのり付けします。使い方は、24ページの解説にあるのとまったく同じで、星座円盤の月日の目盛りとカバーの時刻を一致させると、その時の星空が窓の中にあらわれてくることになります。

▲星座早見の作り方　ていねいに切りぬきます。

★回転をなめらかにするため，星座円盤の周囲はできるだけていねいに切りぬいてください．

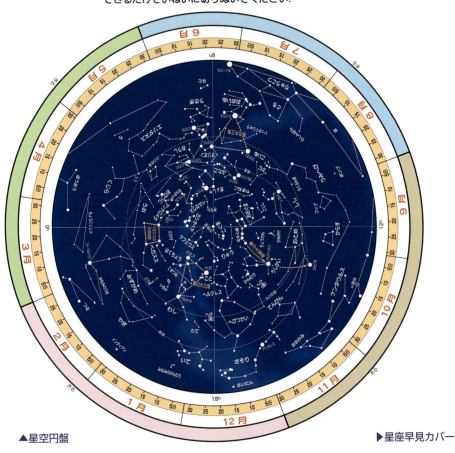

▲星空円盤　　　　　　　　　　　　　　▶星座早見カバー

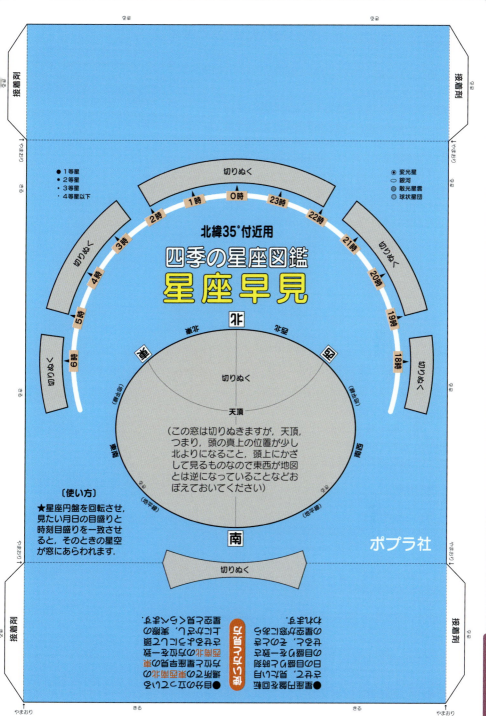

著者紹介

藤井 旭（ふじいあきら）

1941年、山口市に生まれる。
多摩美術大学デザイン科を卒業ののち、星仲間たちと共同で星空の美しい那須高原に白河天体観測所を、また南半球のオーストラリアにチロ天文台をつくり、天体写真の撮影などにうちこむ。天体写真の分野では、国際的に広く知られている。天文関係の著書も多数あり、そのファンも多い。おもな著書に、『星空図鑑』『星の神話・伝説図鑑』『宇宙図鑑』『星になったチロ』『チロと星空』（ポプラ社）、『宇宙大全』（作品社）、『星座アルバム』（誠文堂新光社）などがある。

写真・資料・協力

千葉市郷土博物館／郡山市ふれあい科学館／田村市星の村天文台／ビクセン／五藤光学／高橋製作所／DMイメージ／C&Eフランス／AURA／NASA／STScI／白河天体観測所／チロ天文台／秋山光身／大野裕明／品川征志／小石川正弘／川上勇／富岡啓行／村山定男／岡田真珠／丹野顕／ミラキャンペーン／高橋進

イラスト

岡田好之

写真協力

D・F・Malin（DM Images）

この本は、2005年にポプラ社から刊行した『四季の星座図鑑』を一部修正し、新装版にしたものです。

新装版
四季の星座図鑑
2018年4月　第1刷発行　　2024年8月　第3刷

著者　　　　　藤井 旭
ブックデザイン　水野拓央（パラレルヴィジョン）
新装版装丁　　ポプラ社デザイン室

発行者　加藤裕樹

発行所　株式会社ポプラ社
　　　　〒141-8210　東京都品川区西五反田3-5-8
　　　　ホームページ　www.poplar.co.jp

印刷・製本　TOPPANクロレ株式会社

©2018 Akira Fujii
ISBN978-4-591-15773-2 N.D.C.440/311p/21cm

落丁・乱丁本はお取り替えいたします。
ホームページ（www.poplar.co.jp）のお問い合わせ一覧よりご連絡ください。
読者の皆様からのお便りをお待ちしております。
いただいたお便りは著者にお渡しいたします。

本書のコピー、スキャン、デジタル化等の無断複製は著作権法上での例外を除き禁じられています。
本書を代行業者等の第三者に依頼してスキャンやデジタル化することは、たとえ個人や家庭内での利用であっても著作権法上認められておりません。

Printed in Japan

P8840025